高等职业教育机械类专业系列教材
“互联网+”新形态立体化教学资源特色教材

机械制图与计算机绘图习题集

主　编　唐永艳　陈贤清
副主编　郭　容　王海珠　陈　琪
参　编　曾　晗　杨　宇　张　元　张云程　杨　越　伍倪燕　刘　蜀　朱　利

中国轻工业出版社

图书在版编目（CIP）数据

机械制图与计算机绘图习题集/唐永艳，陈贤清主编．—北京：中国轻工业出版社，2022.2

高等职业教育机械类专业系列教材

“互联网+”新形态立体化教学资源特色教材

ISBN 978-7-5184-3044-4

Ⅰ.①机… Ⅱ.①唐… ②陈… Ⅲ.①机械制图-高等职业教育-习题集②计算机制图-高等职业教育-习题集 Ⅳ.①TH126-44②TP391.72-44

中国版本图书馆 CIP 数据核字（2020）第 108959 号

内容简介

本习题集依据教育部制定的高职高专“机械制图”课程的基本要求，结合作者多年来制图教学改革实践经验，以培养学生绘图、读图能力为目标而编写，与唐永艳、王海珠、郭容主编的《机械制图与计算机绘图》教材配套使用。

本习题集中练习题的内容和难易设计充分考虑了职业院校学生的认知和思维特点，同时，注重基础，由浅入深，循序渐进，力求让学生扎实掌握制图的基本技能及绘图、读图的基本方法。

本习题集配有习题解答电子版和大量直观立体图，特别方便教师课堂教学演示。书中重点章节编写了学生自测题，并附有二维码，扫码可得答案，方便学生自主学习。

本习题集适合于中职、高职、中高职衔接、专升本、函授，机械类和近机械类相关专业学生选用，也可作为相关工程技术人员的参考书。

责任编辑：王　淳　宋　博　　责任终审：劳国强　　封面设计：锋尚设计
版式设计：霸　州　　责任校对：燕　杰　　责任监印：张　可

出版发行：中国轻工业出版社（北京东长安街 6 号，邮编：100740）
印　　刷：三河市万龙印装有限公司
经　　销：各地新华书店
版　　次：2022 年 2 月第 1 版第 2 次印刷
开　　本：889×1194　1/16　印张：13.25
字　　数：330 千字
书　　号：ISBN 978-7-5184-3044-4　定价：45.00 元
邮购电话：010-65241695
发行电话：010-85119835　传真：85113293
网　　址：http://www.chlip.com.cn
Email：club@chlip.com.cn

220197J2X102ZBW

前　言

本习题集与唐永艳、王海珠、郭容主编的《机械制图与计算机绘图》（中国轻工业出版社出版）教材配套使用，适合中职、高职院校机械类和近机械类相关专业学生选用，也可作为相关工程技术人员的参考书。

本习题集具有以下特点：

（1）本习题集在内容和编排顺序上与教材《机械制图与计算机绘图》一致。每个章节都设计了适中的练习题，作为随堂练习和课外巩固练习。

（2）本习题集中练习题的内容和难度设计充分考虑了中职、高职学生的认知和思维特点，同时，注重基础，并由浅入深，循序渐进，力求让学生扎实掌握制图的基本技能及绘图、读图的基本方法。

（3）本习题集全面贯彻最新的《技术制图》《机械制图》国家标准。

（4）本习题集编写了习题解答电子版，配有大量直观立体图，方便教师课堂教学演示，使用本书作教材的教师，可发送邮件至 ybzytyy@163.com 索取配套资料。书中重点章节编写了学生自测题，并附有二维码，扫码可得答案，方便学生自主学习。

由于编者水平有限，书中难免有不足之处，恳请读者批评指正。

编者

目　　录

第一章　机械制图的基本知识

1-1　国家标准的基本规定和绘图工具的使用

1-1-1　字体练习

长 仿 宋 字 机 械 制 图 样 上 文 字 必 须 做 到 字 体 端 正 笔 划 清

楚 排 列 整 齐 间 隔 均 匀 审 核 比 例 材 料 单 位 学 校 班 级 数 量

0 1 2 3 4 5 6 7 8 9 Φ R M　A B C D E F G H I J K L M N O P Q R S

T U V W X Y Z a b c d e f g h i j K l

班级：__________　姓名：__________　学号：__________　成绩：__________

1-1-2 图线画法练习：在指定位置抄画对应的图线

1. 粗实线

虚线

点画线

细实线

波浪线

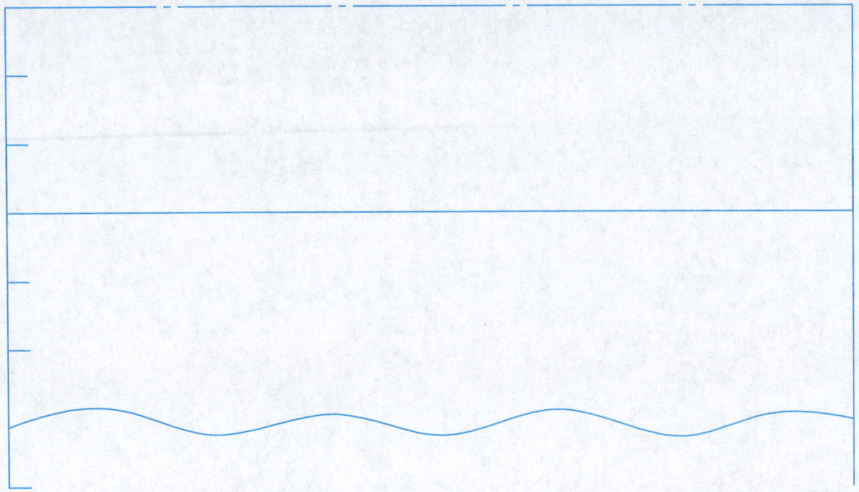

2. 在下边画出与上边对应的图线

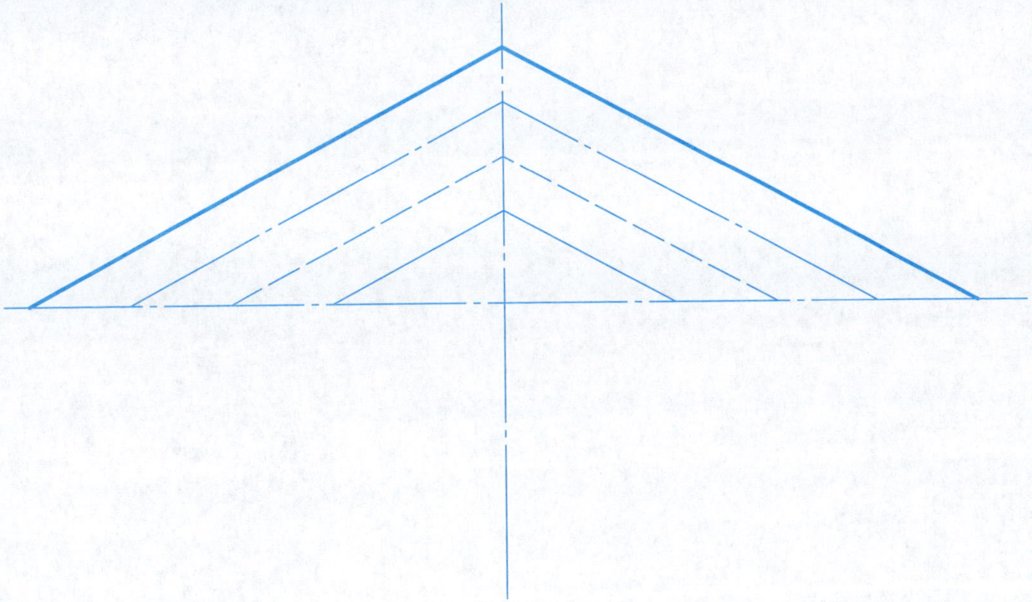

3. 在四个圆的外侧分别画出对应的图线

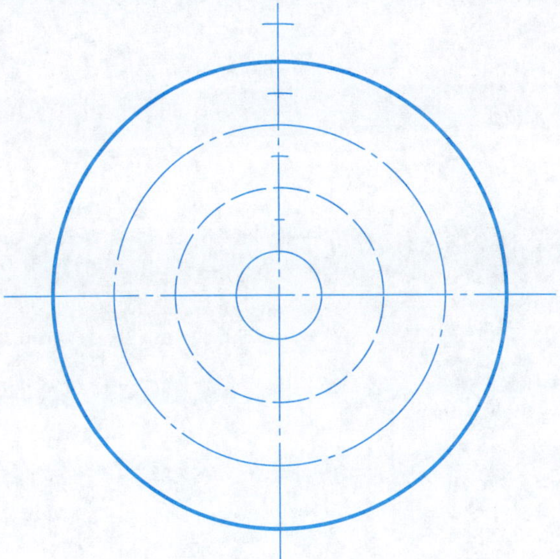

班级：________ 姓名：________ 学号：________ 成绩：________

1-1-3 课内专项训练：绘图工具使用，图线练习

一、目的

1. 熟悉主要线型规格及其画法。

2. 掌握图框及标题栏画法。

3. 练习使用绘图仪器和工具。

二、内容

1. 按右图图例绘制各种图线。

2. 绘画图框线和标题栏，标题栏按教材图1-3绘制。

3. 用A4图纸竖放，比例1:1。

三、绘图步骤

1. 画底稿图

(1) 在右下角画标题栏。

(2) 按给定尺寸作图。

(3) 校对底稿，擦去多余图线。

2. 铅笔描深，加粗

(1) 按底稿线描深，如粗圆、直线。

(2) 用标准字体填写标题栏，图名用“图线练习”。

四、注意点

1. 各种图线必须符合国家标准规定，粗实线的宽度，建议选用b=0.5mm或0.7mm，同类图线的宽度应一致。

2. 虚线、点画线的短线段和间隔在画底稿时就应正确画出，并应一致。

3. 各种图线相交应符合规定。

4. 绘画底稿时，铅芯削磨尖细，用力轻。画圆弧的粗实线比画直线的粗实线所用的铅芯软一号。

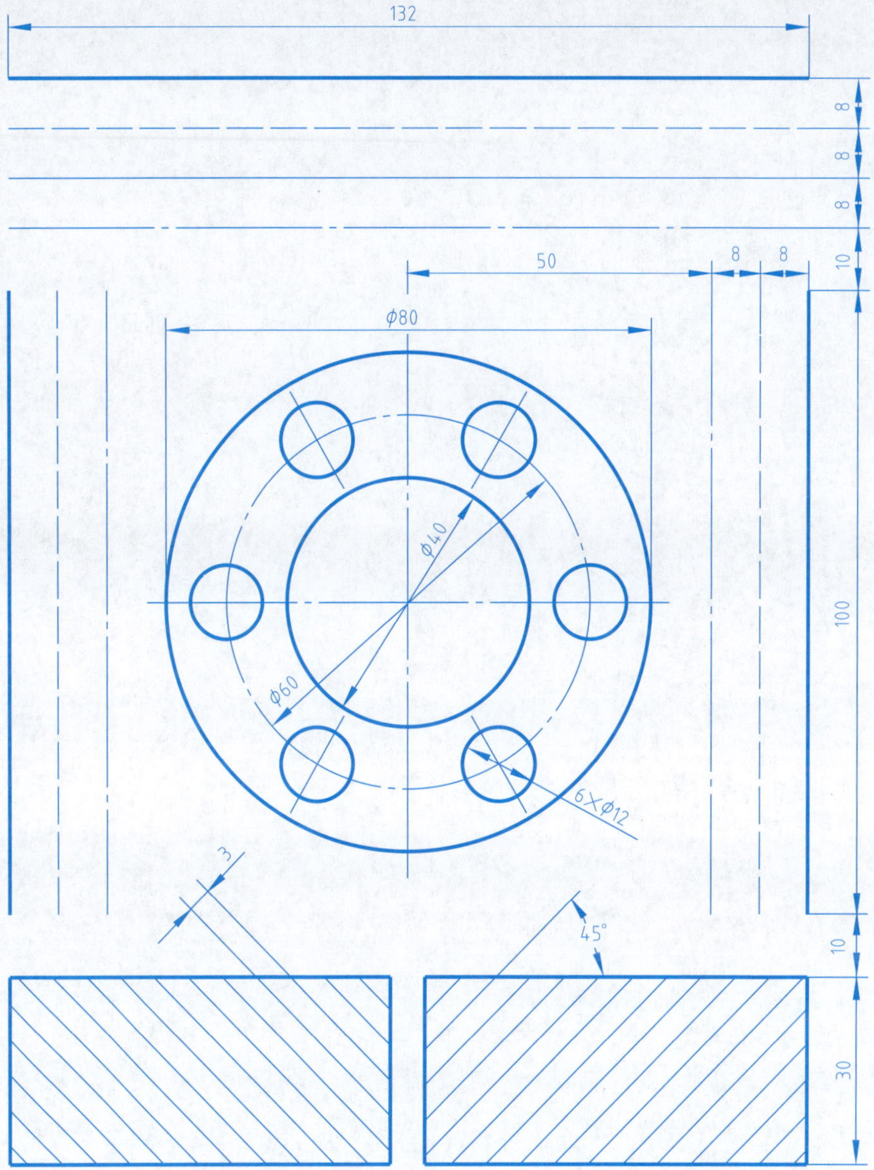

1-2 尺寸注法

1-2-1 尺寸标注练习（一）

1. 抄画箭头。

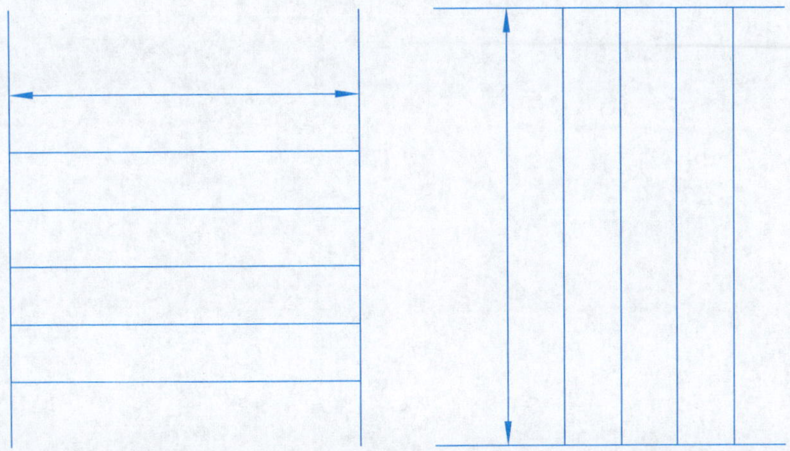

2. 填写尺寸数字（尺寸值从图中按1:1量取整数）。

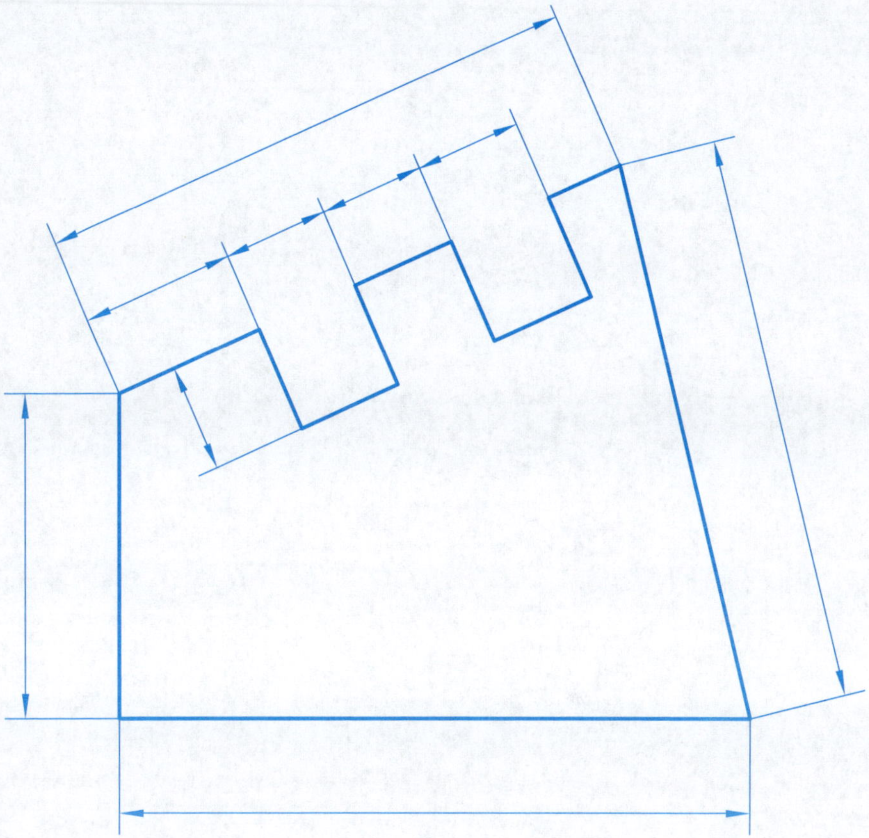

3. 画箭头及填写角度尺寸数字。

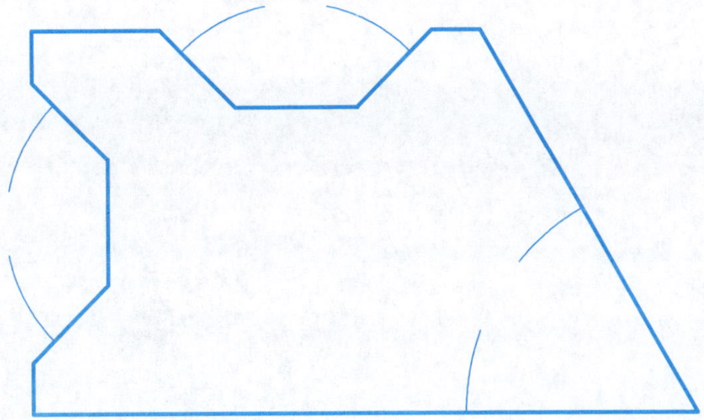

班级：________ 姓名：________ 学号：________ 成绩：________

1. 注出下列圆或圆弧的尺寸（尺寸值从图中按1:1量取整数）。

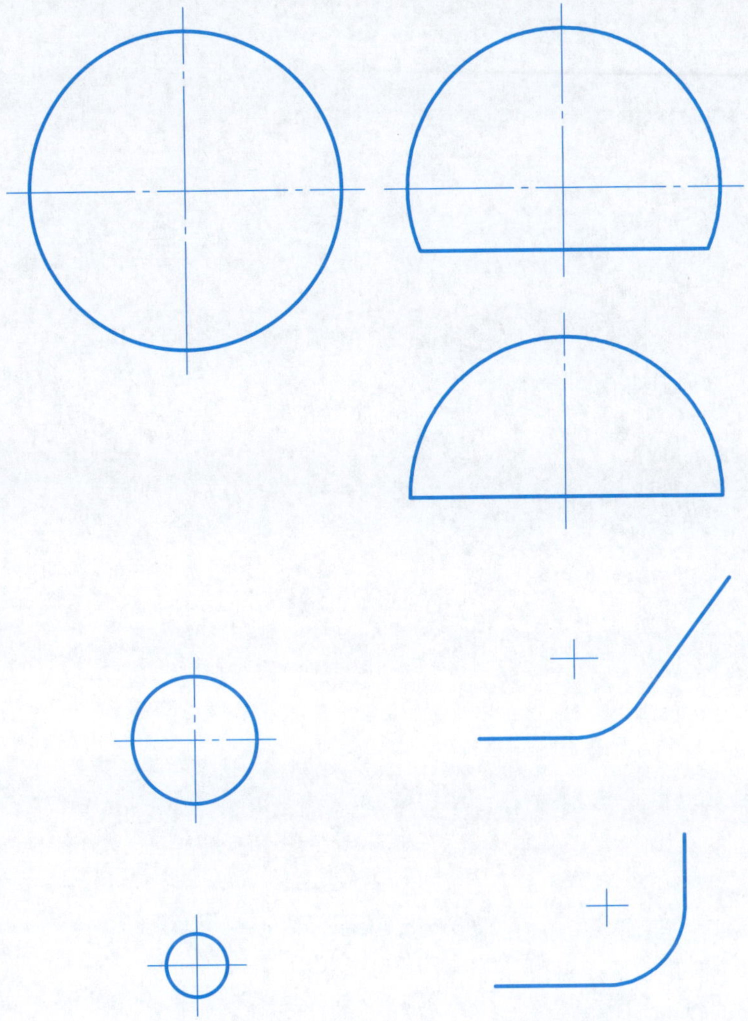

2. 识别上边图形中尺寸数字注写的错误，在下边图形中正确注出。

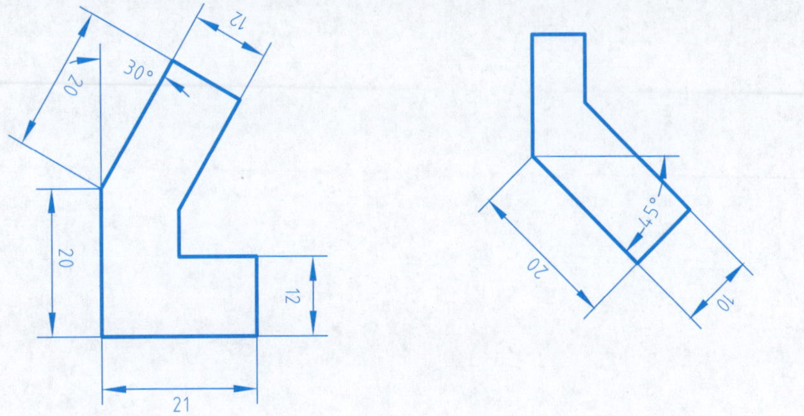

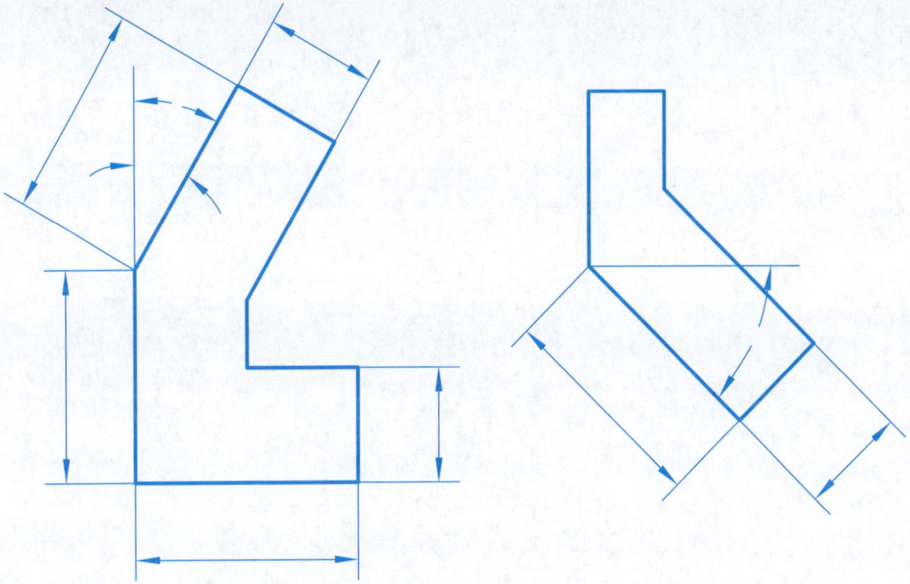

班级：______ 姓名：______ 学号：______ 成绩：______

1-2-1 尺寸标注练习（三）

分析左图尺寸注写的错误，并在右图正确注出。

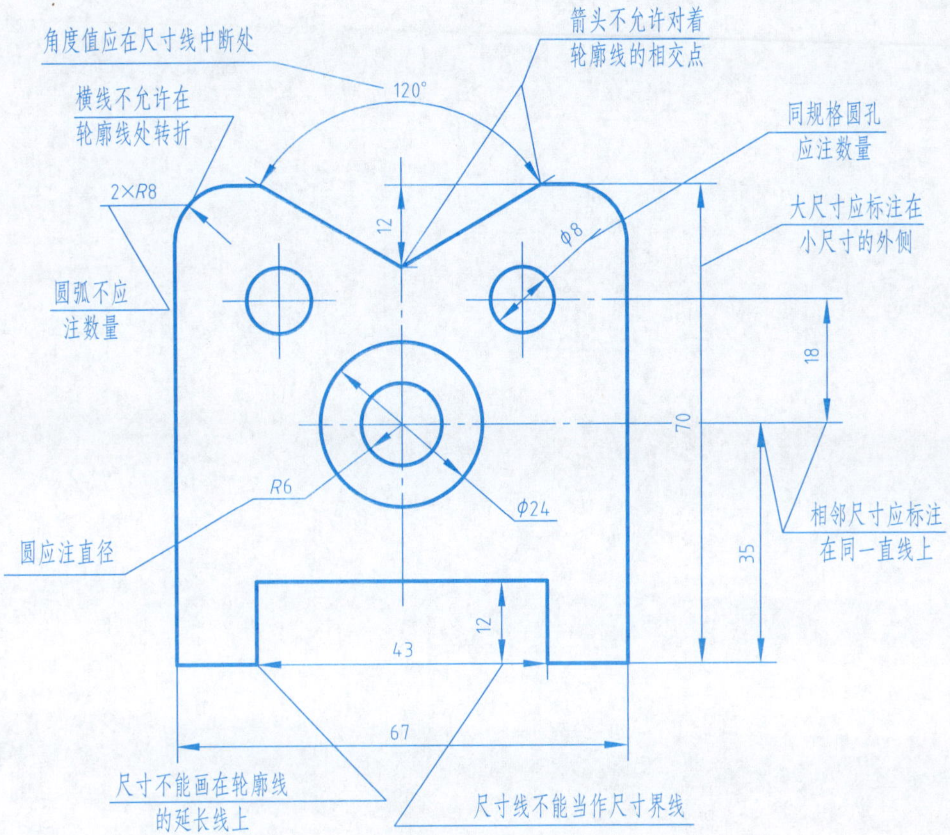

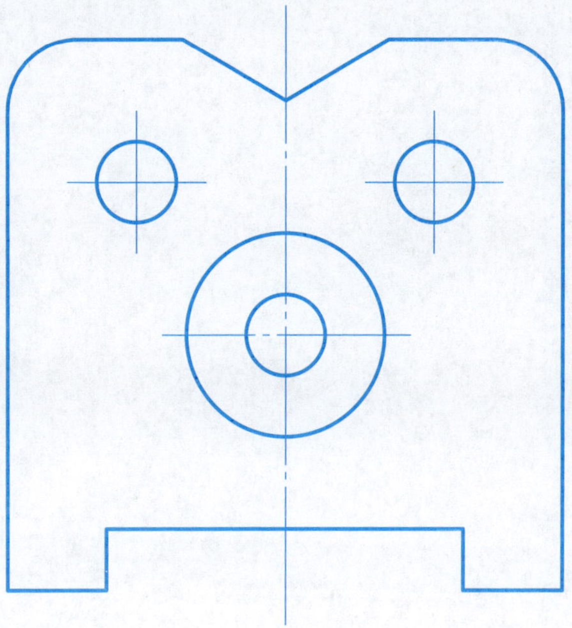

第二章　绘制和识读三视图

2-1　投影基础

2-1-1　分析下列三视图，辨认其相应的立体图，并在立体图的圆圈内填上相应三视图的编号。

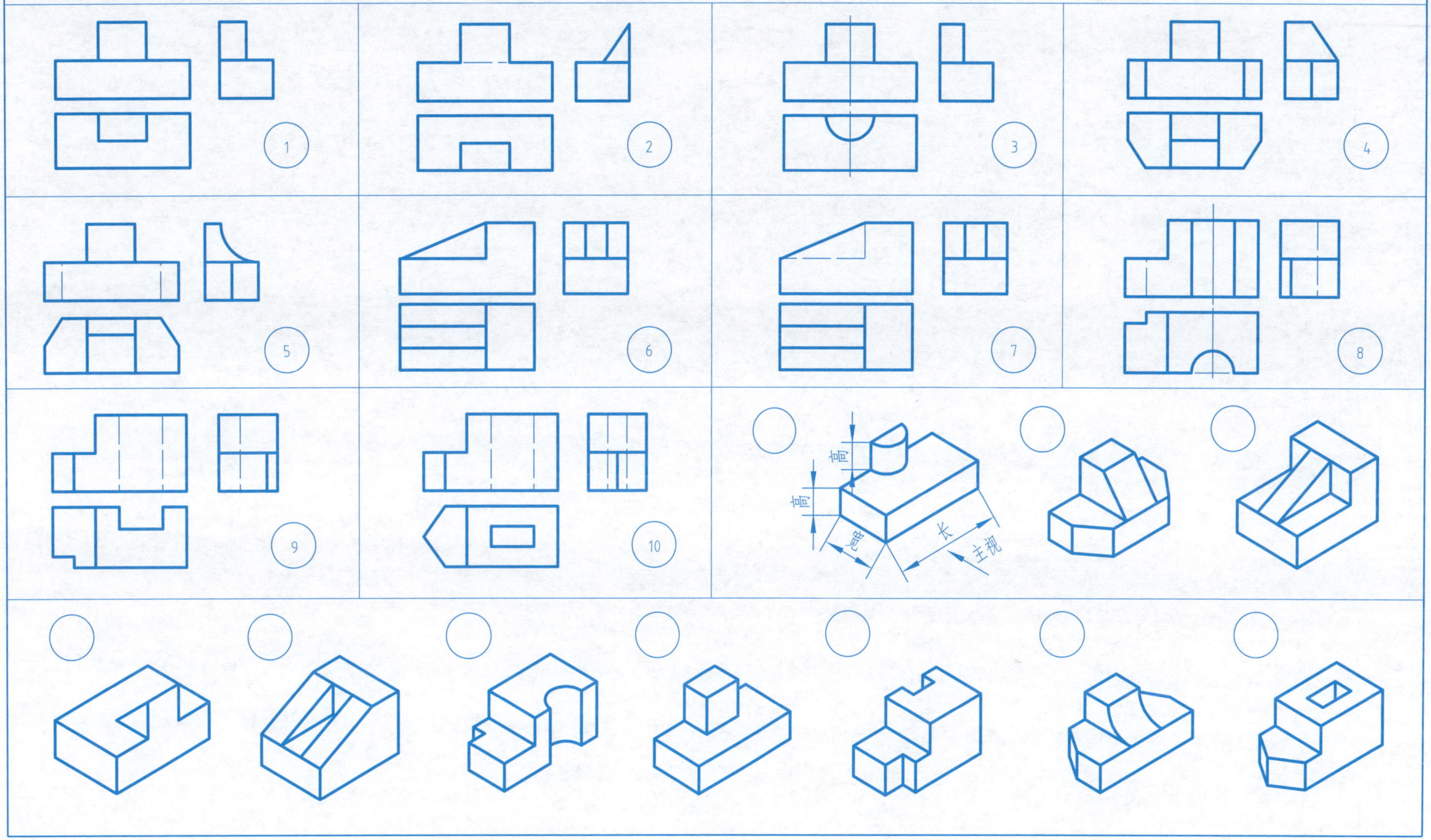

班级：＿＿＿＿＿＿　姓名：＿＿＿＿＿＿　学号：＿＿＿＿＿＿　成绩：＿＿＿＿＿＿

2-1-2 已知主视图，对照立体所示形状及宽方向尺寸，补画俯、左两视图（4个物体的总宽均为24mm）

A

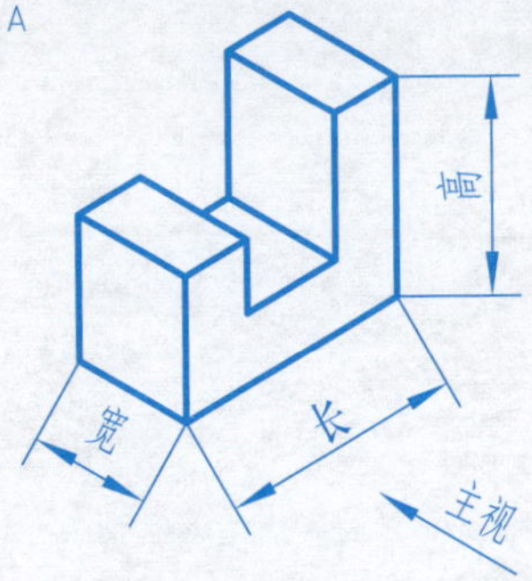

B

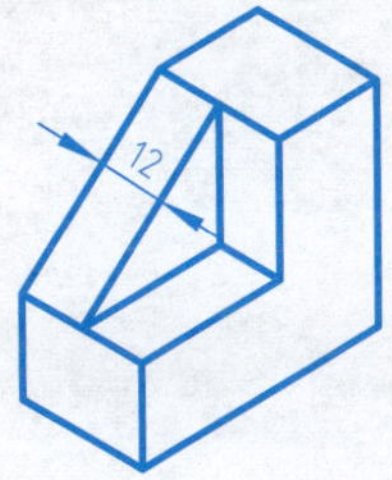

C

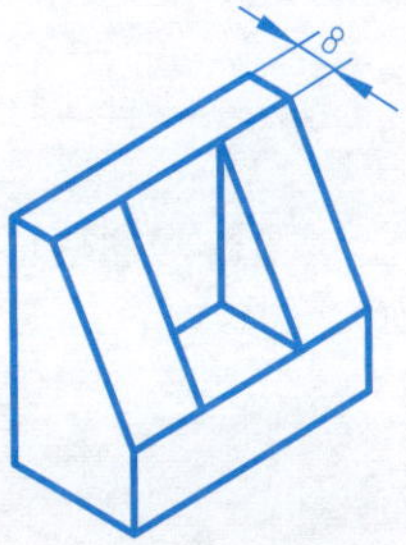

D

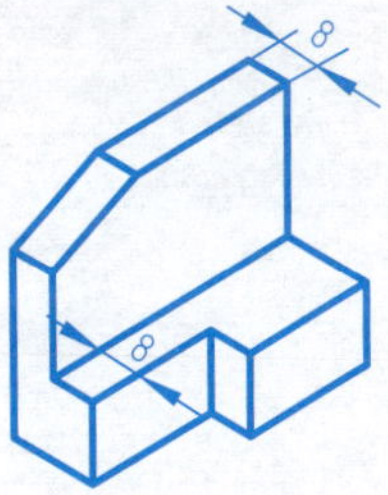

A

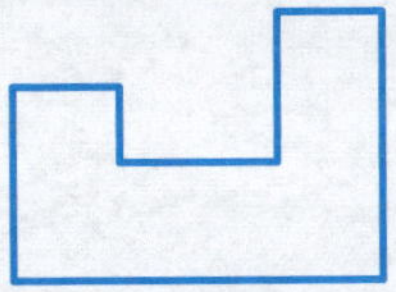

B

C

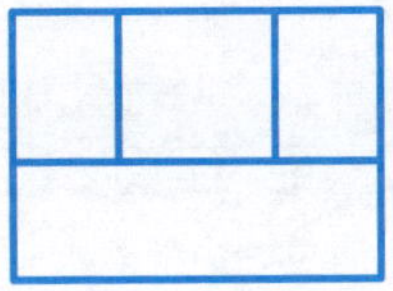

D

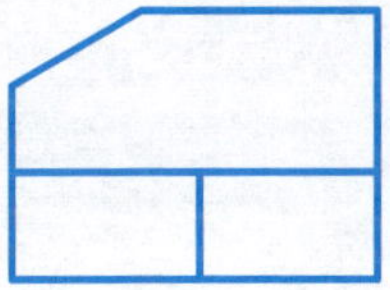

班级：________ 姓名：________ 学号：________ 成绩：________

2-1-3 课内专项训练：根据轴测图绘制三视图

作业指导

一、目的

1. 进一步熟悉三视图的形成、“三等”和“六方位”的对应关系。

2. 初步掌握由轴测图画三视图的方法。

3. 继续练习使用绘图仪器和工具。

二、内容及要求

1. 根据轴测图画三视图。

2. 用A4图纸，比例1:1。

三、绘图步骤

1. 固定图纸。

2. 绘制图框线和标题栏。

3. 画作图基准线（等分成4格）。

4. 分别绘制三视图。

四、注意点

1. 画图前应仔细观察物体形状，了解形体特点。

2. 按轴测图和指定的投射方向画三视图。

3. 三视图应按规定位置配置，且符合三视图之间“长对正、高平齐、宽相等”及“六方位”的对应关系。

4. 按长、宽、高三方向测量轴测图的尺寸，不能量斜向的尺寸，量得的尺寸数值取整数。

5. 本习题集中凡孔、槽未注明深度均视为通孔、通槽。

1.

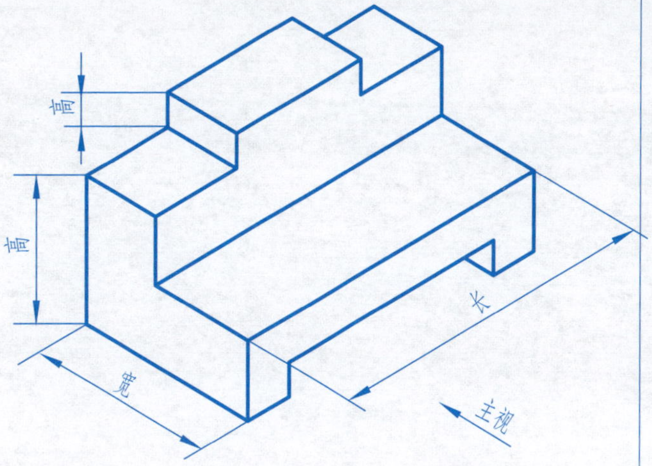

2.

3.

4.

班级：________ 姓名：________ 学号：________ 成绩：________

2-1-4 点的投影（一）

1. 已知各点的两面投影，求作其第三投影。

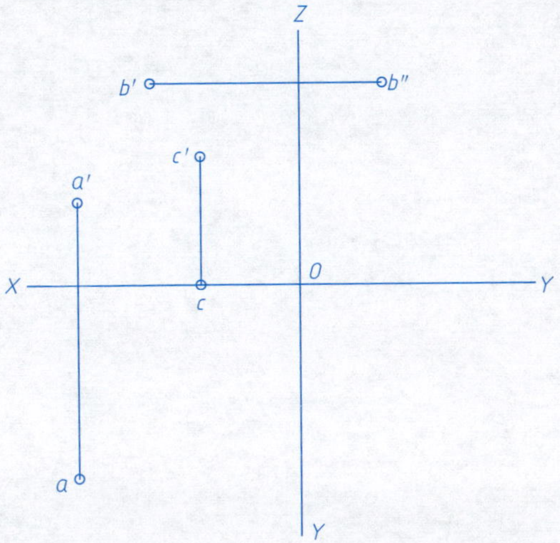

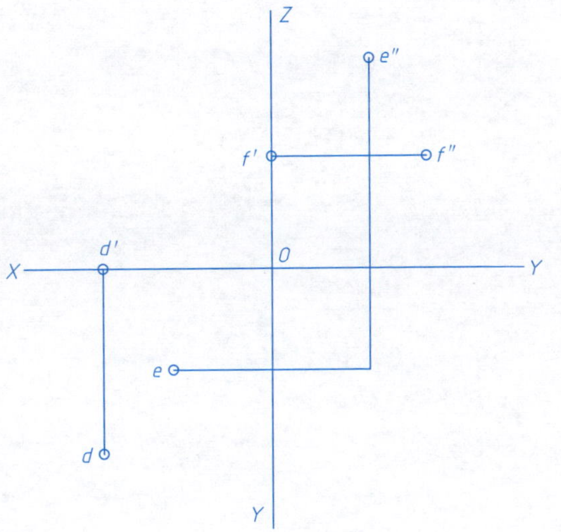

2. 已知各点的两面投影，求作其第三投影。从投影图中量出各点的坐标值填在相应括号中。

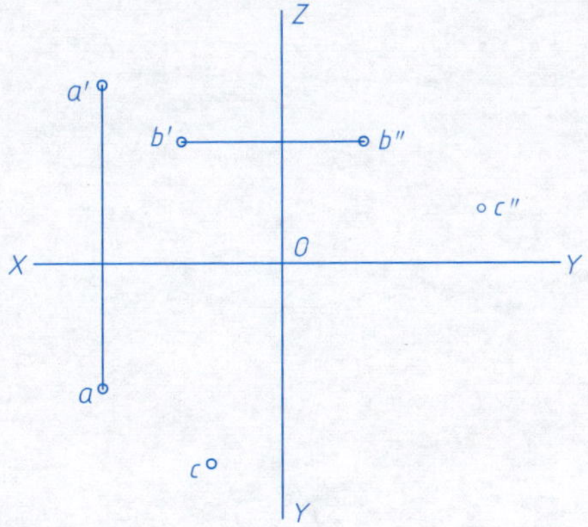

A（　　　　　　）

B（　　　　　　）

C（　　　　　　）

3. 画出点*A*（30，10，25），*B*（20，30，0），*C*（10，0，15），*D*（0，0，32）的三面投影图。

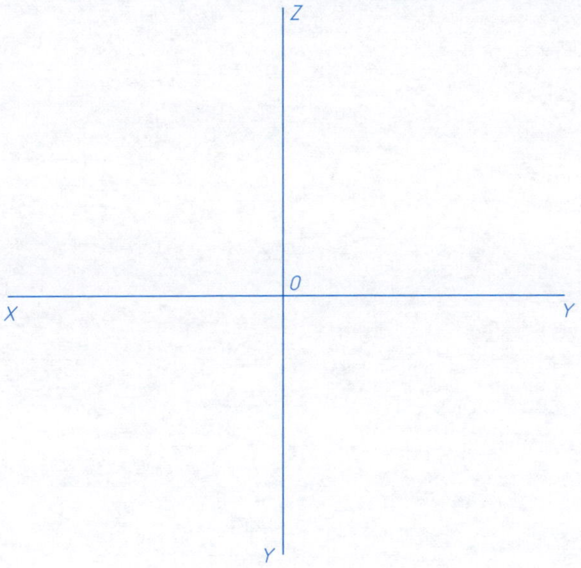

班级：________ 姓名：________ 学号：________ 成绩：________

1. 已知A点的投影。点B在点A的左方10、前方12、上方15处；点C在点B的正右方W面上。求作点B、C的投影图，并判别可见性。

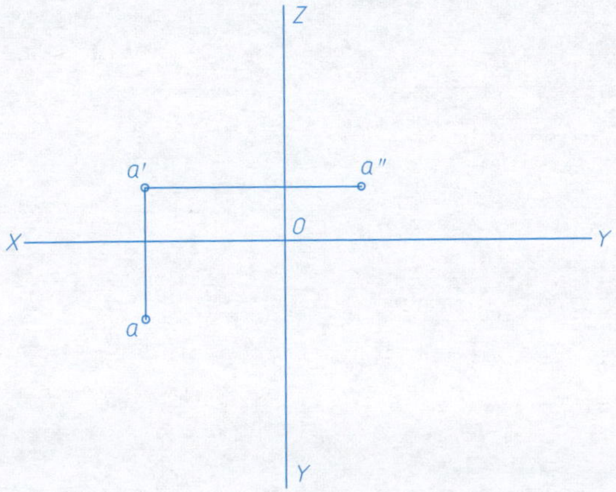

2. 判断B、C两点相对于点A的位置，并填空（指出左右、前后、上下方向）。

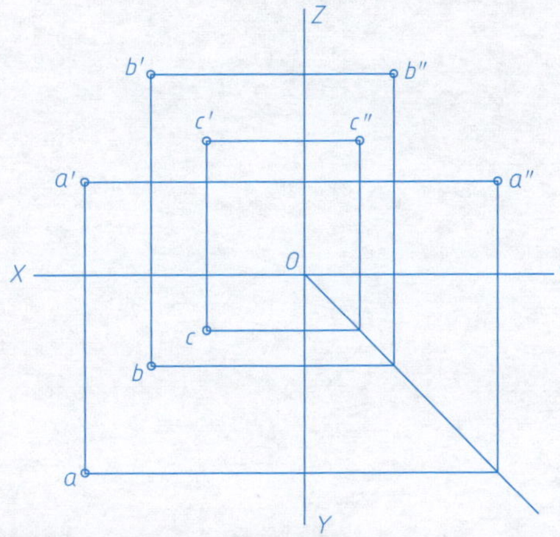

点B在点A的________

点C在点A的________

3. 已知两点的一面投影，点A距V面25mm，点B在H面上，求点A、点B的另两面投影。

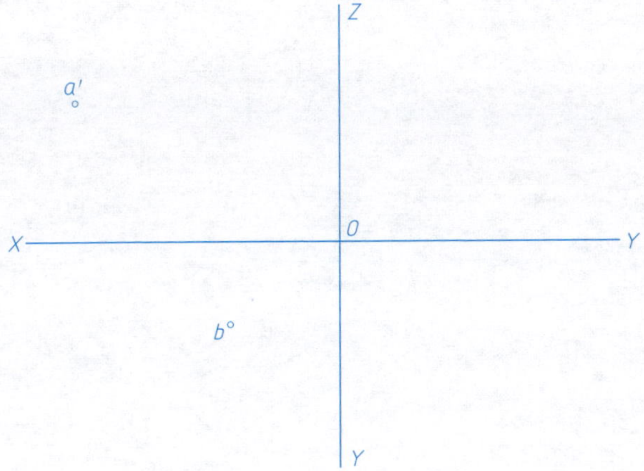

4. 在立体的投影图中，标出A、B、C、D四点的三面投影。

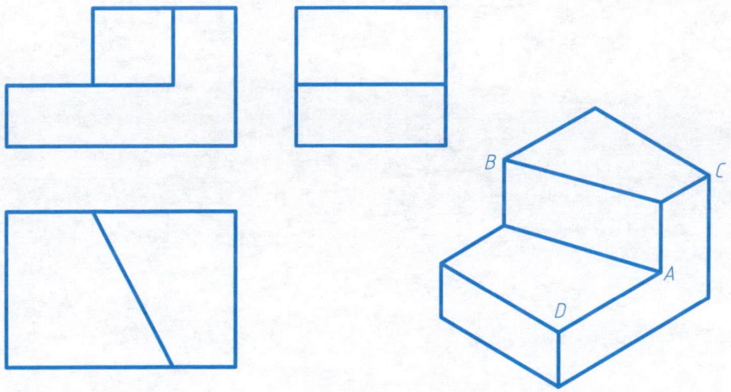

班级：________ 姓名：________ 学号：________ 成绩：________

2-1-5 直线、平面的投影（一）

1. 判断下列直线对投影面的相对位置，完成直线的三面投影，并求作直线上点K 的其他投影。

(1)

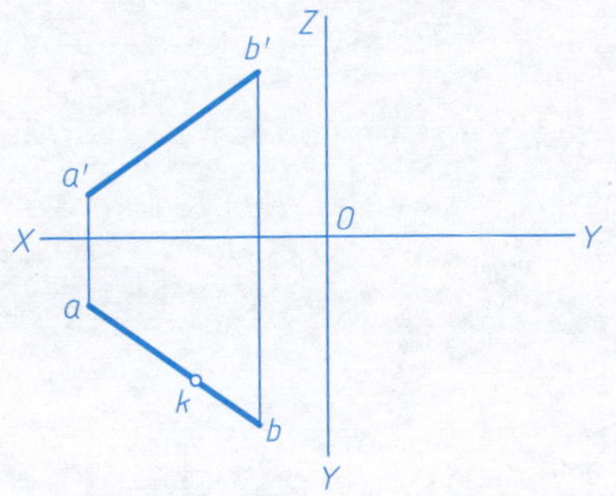

AB是＿＿＿＿＿＿线

(2)

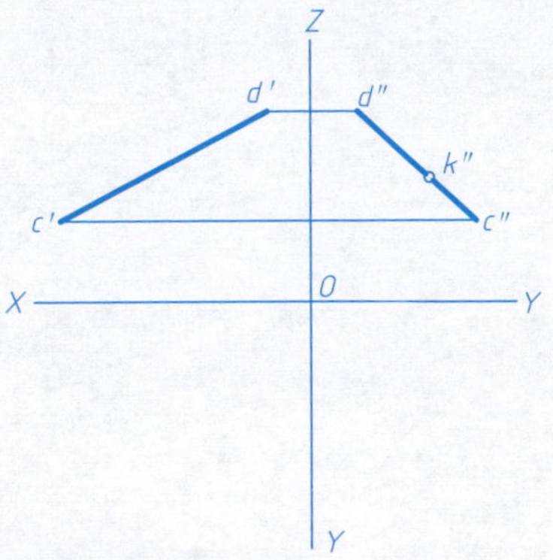

CD是＿＿＿＿＿＿线

2. 在投影图中标出A 、B 、C 、D 四点的投影，并填空。

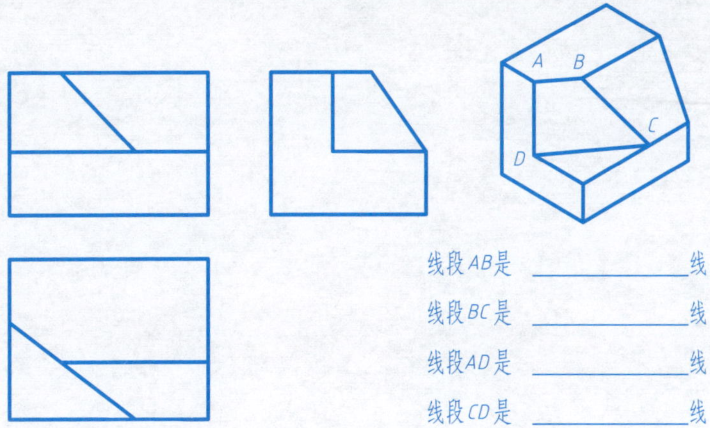

线段AB是＿＿＿＿＿＿线

线段BC是＿＿＿＿＿＿线

线段AD是＿＿＿＿＿＿线

线段CD是＿＿＿＿＿＿线

(3)

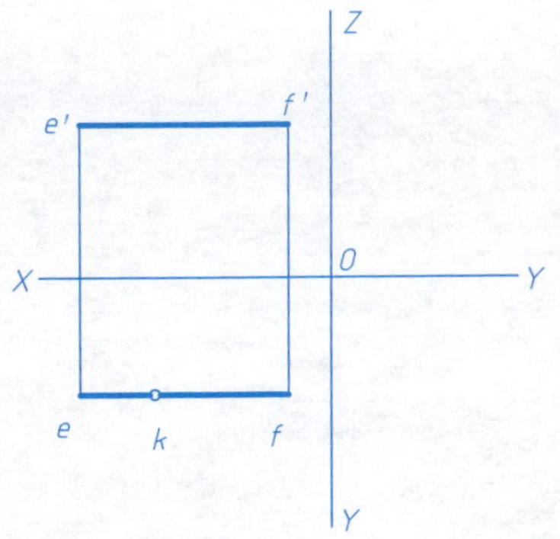

EF是＿＿＿＿＿＿线

(4)

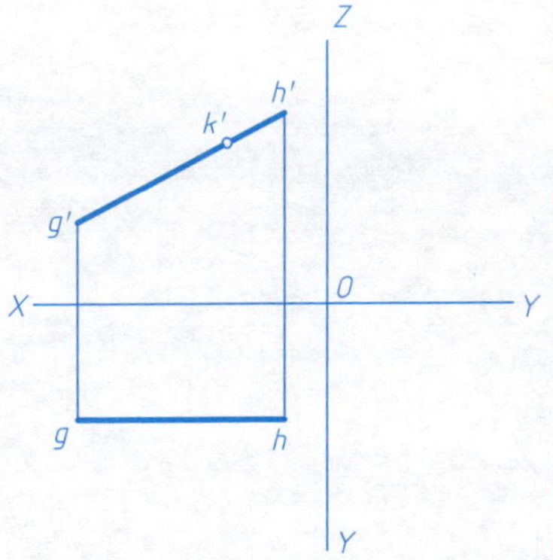

GH是＿＿＿＿＿＿线

(5)

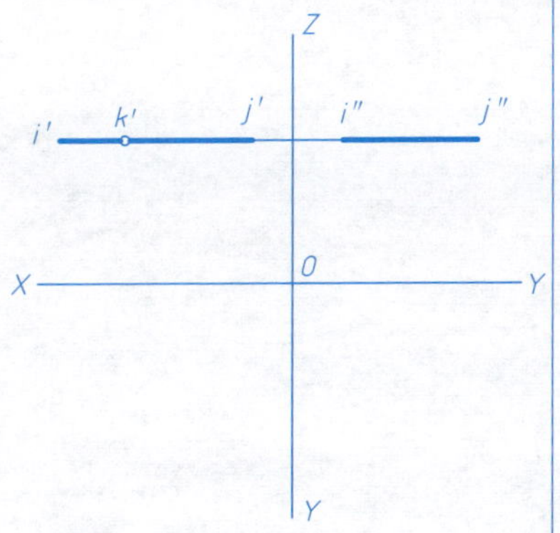

IJ是＿＿＿＿＿＿线

3. 已知平面的两个投影，求作第三投影，并填空。

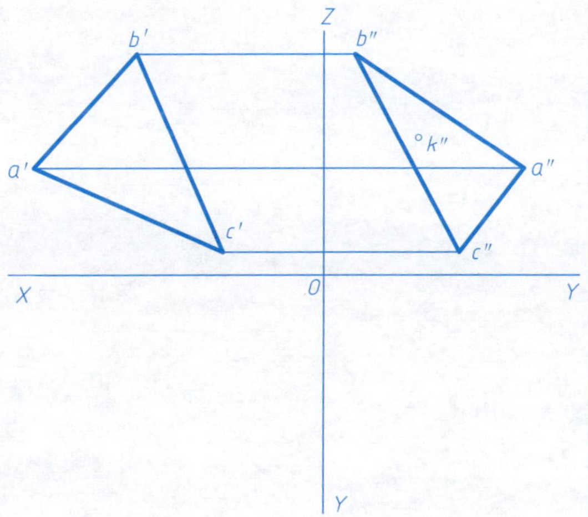

平面ABC是＿＿＿＿＿＿平面

1. 完成下列平面的投影，并作出平面上K 点的其他投影。

(1)

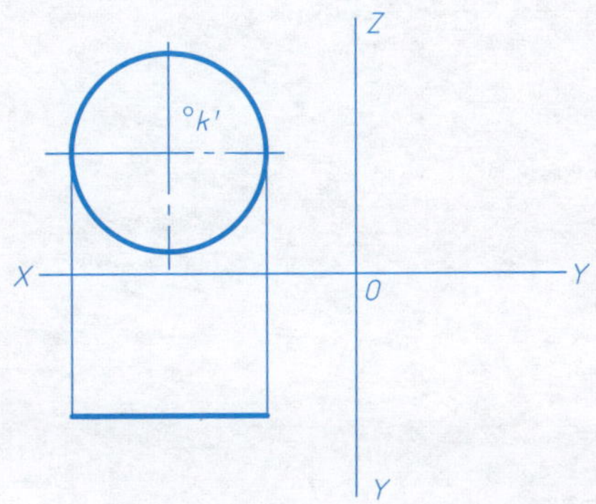

平面是________平面

(2)

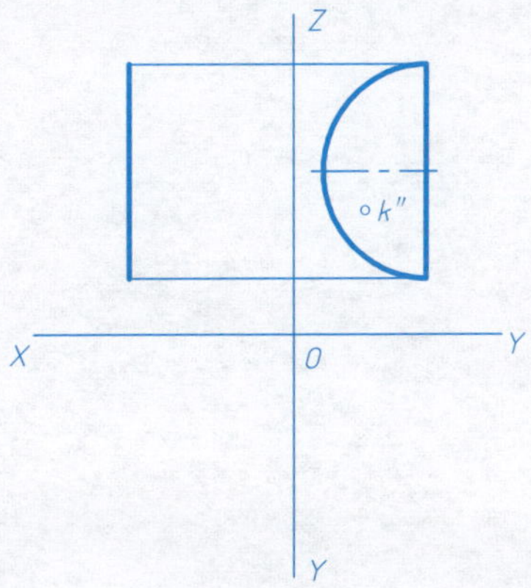

平面是________平面

2. 在立体图中注写出各平面相应的大写字母并填空。

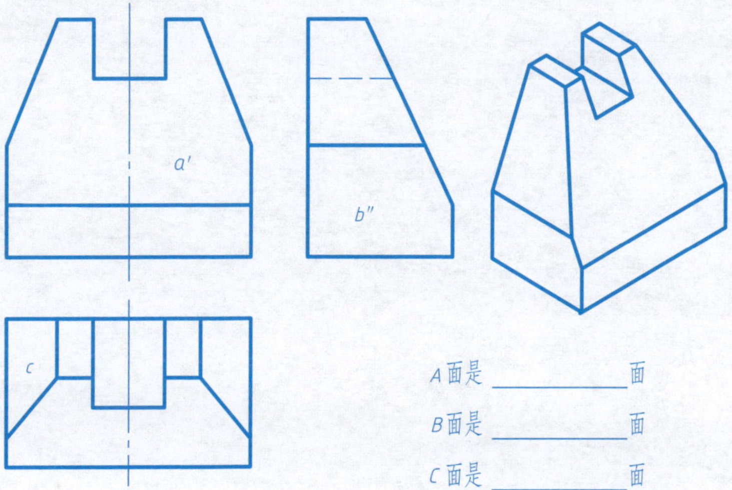

A面是________面

B面是________面

C面是________面

(3)

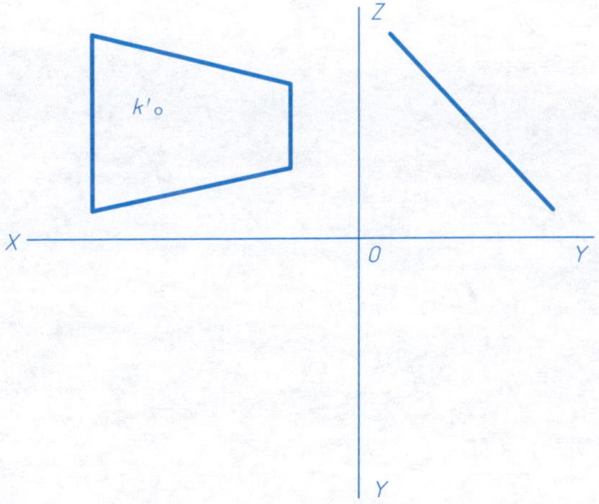

平面是________平面

(4)

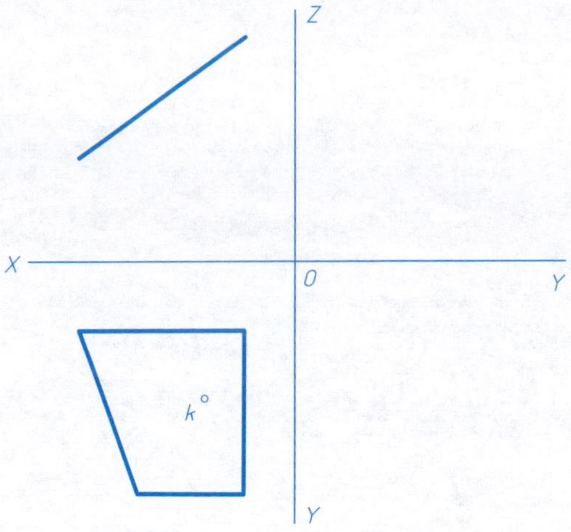

平面是________平面

(5)

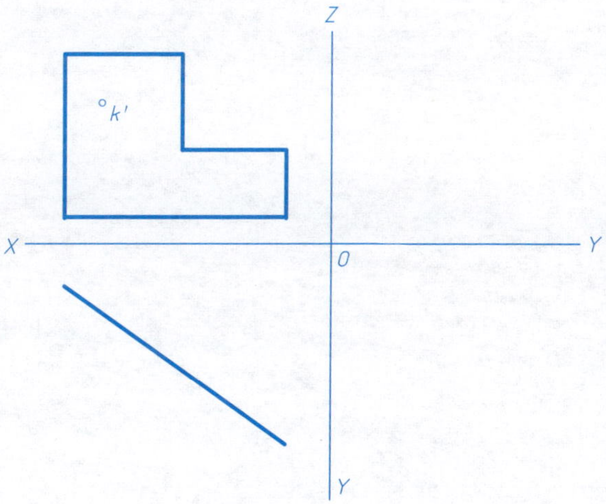

平面是________平面

班级：________ 姓名：________ 学号：________ 成绩：________

2-2 基本体的三视图

2-2-1 根据已知条件绘制基本体三视图（一）

1. 补画基本体左视图。

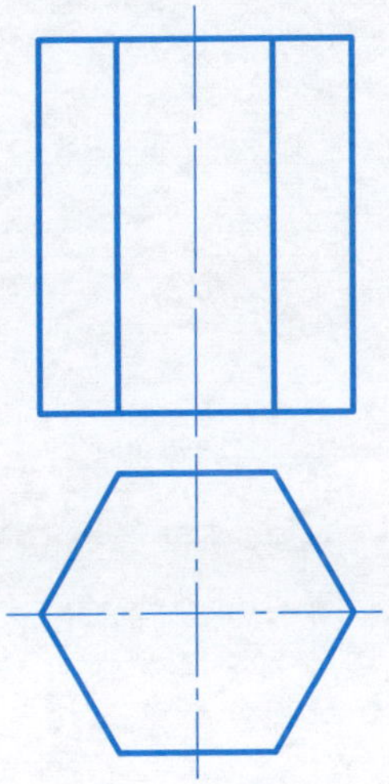

2. 已知正六棱柱（高20mm）的主视图，补全三视图。

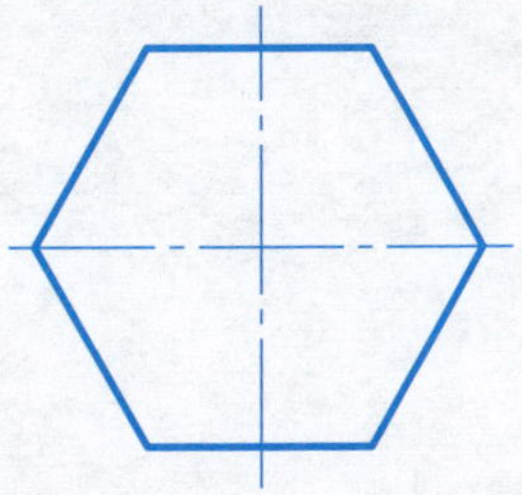

3. 已知正六棱柱的主视图，补全三视图。

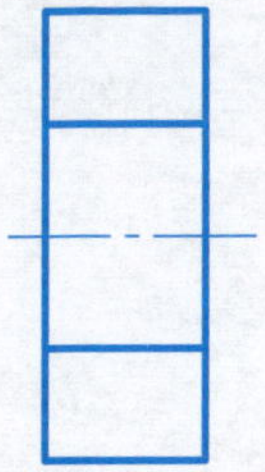

4. 已知正三棱柱的主、左视图，补全三视图。

5. 已知正五棱柱（高20mm）的俯视图，补全三视图。

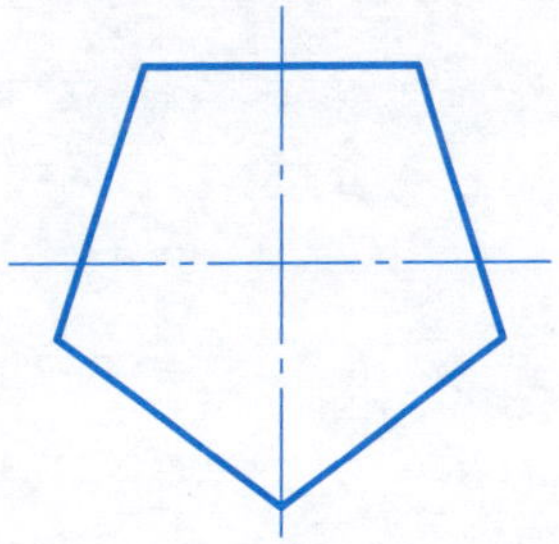

6. 已知正三棱柱（高25mm）的左视图，补全三视图。

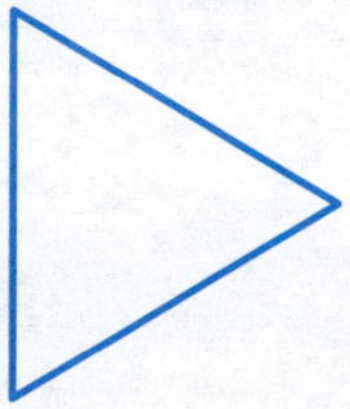

班级：________ 姓名：________ 学号：________ 成绩：________

2-2-1 根据已知条件绘制基本体三视图（二）

1. 补画基本体左视图。

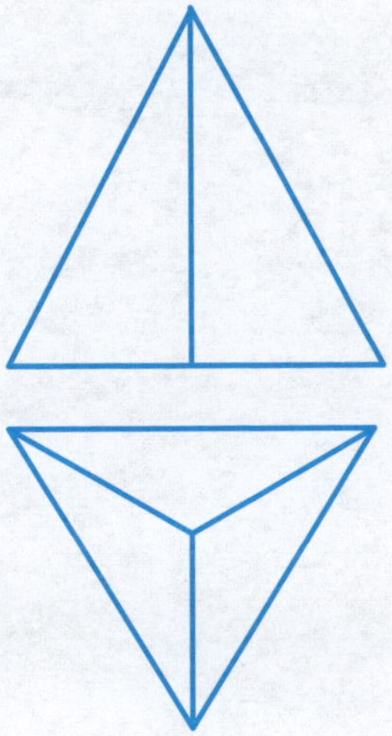

2. 已知正三棱锥（高25mm）的俯视图，补全三视图。

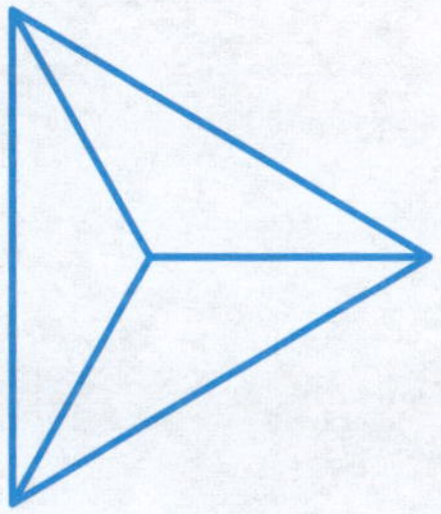

3. 已知正四棱锥的主、俯视图，补全三视图。

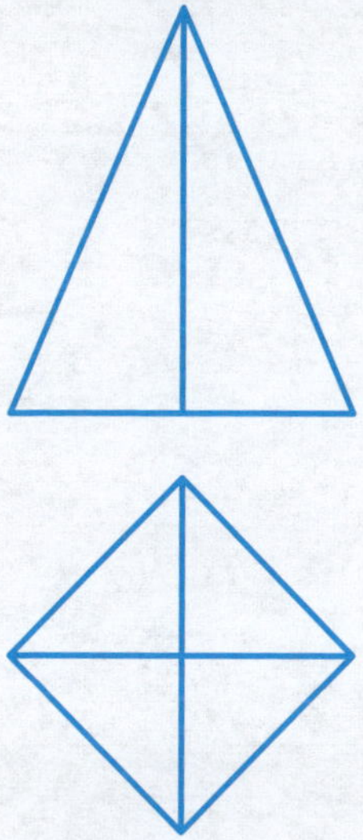

4. 已知基本体（高25mm）的俯视图，补全三视图。

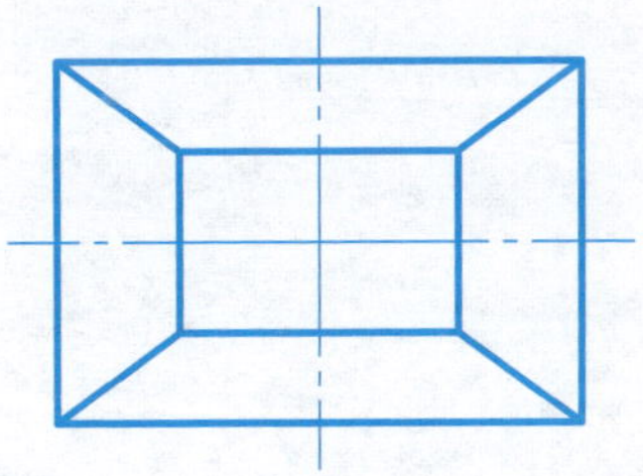

5. 已知正三棱台主、左视图，补画俯视图。

6. 已知正三棱台主、俯视图，补画左视图。

班级：________ 姓名：________ 学号：________ 成绩：________

2-2-1 根据已知条件绘制基本体三视图（三）

1. 已知圆柱主、俯视图，补画左视图。

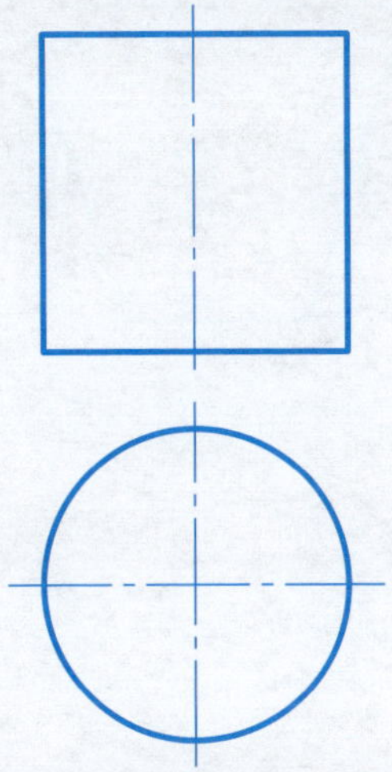

2. 已知圆柱（高25mm）的主视图，补全三视图。

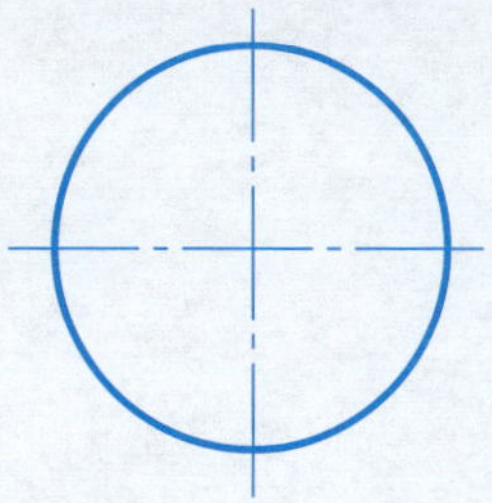

3. 补画基本体主视图。

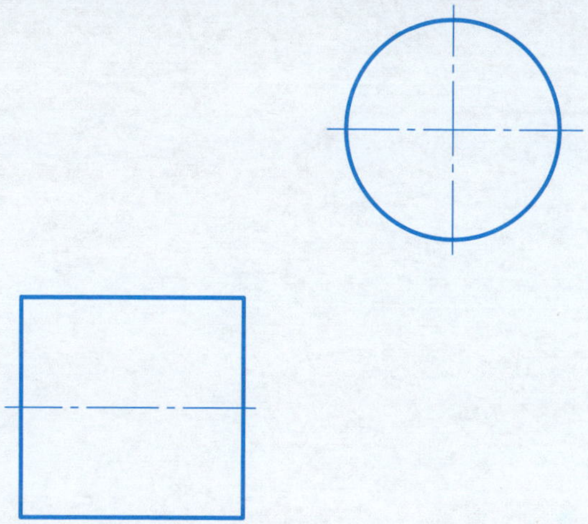

4. 已知圆锥的主视图，补全三视图。

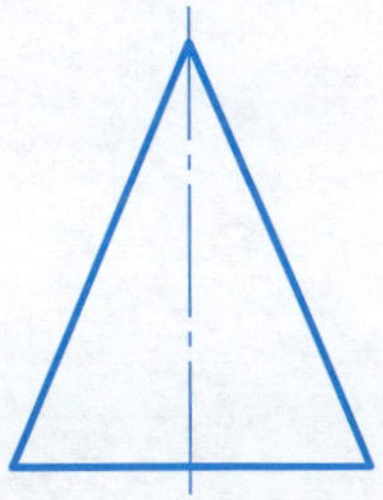

5. 已知圆锥的左视图，补全三视图。

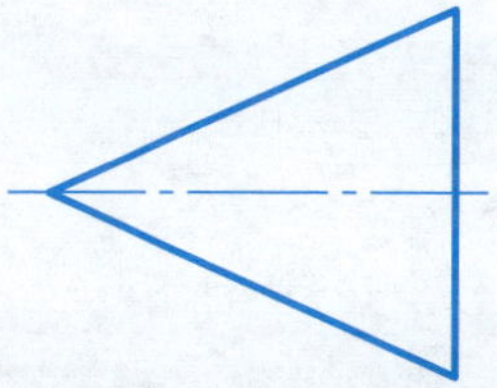

6. 已知圆锥的俯视图，补全三视图。

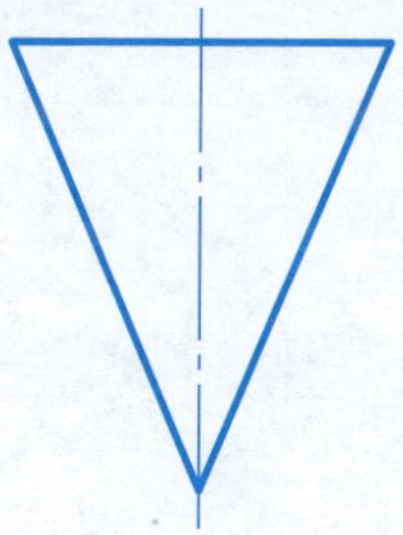

班级：＿＿＿＿＿＿　姓名：＿＿＿＿＿＿　学号：＿＿＿＿＿＿　成绩：＿＿＿＿＿＿

2-2-1 根据已知条件绘制基本体三视图（四）

1. 已知圆台的主视图，补全三视图。

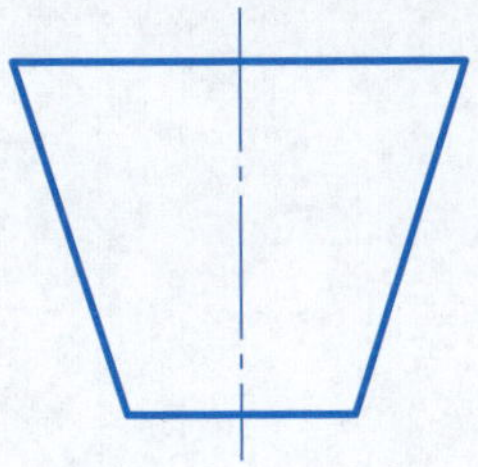

2. 已知圆台的主视图，补全三视图。

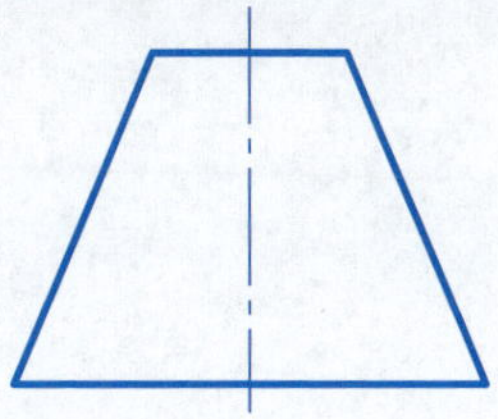

3. 已知圆台（高25mm）的左视图，补全三视图。

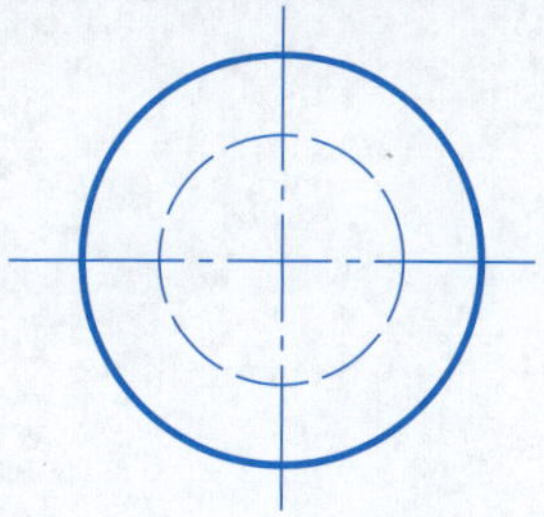

4. 已知圆台的左视图，补全三视图。

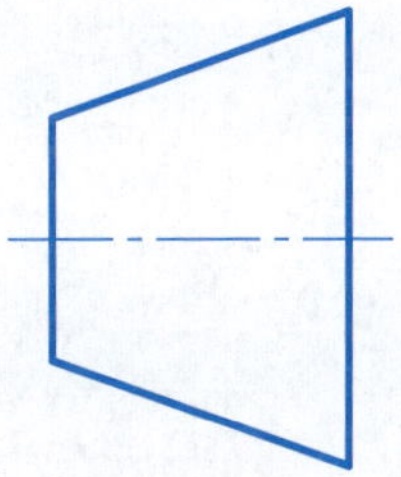

5.

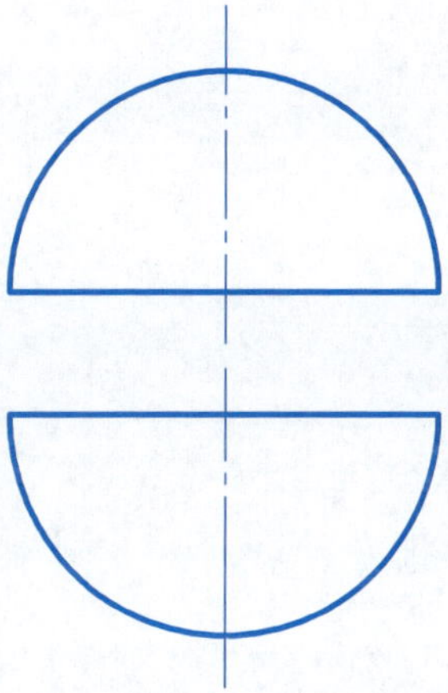

6.

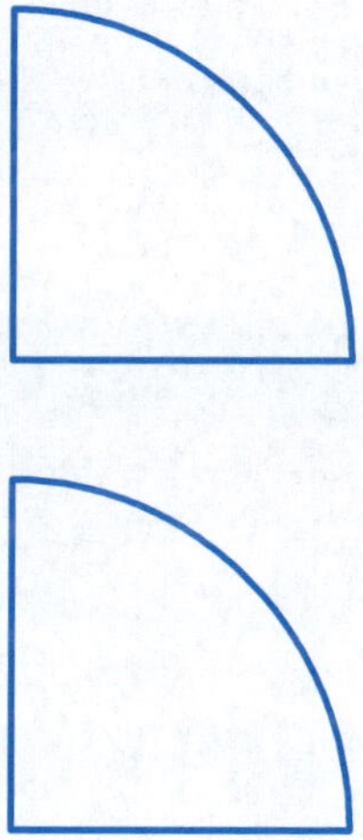

2-2-2 根据轴测图绘制柱体的三视图，轴测图上没标注尺寸的直接量取

1.

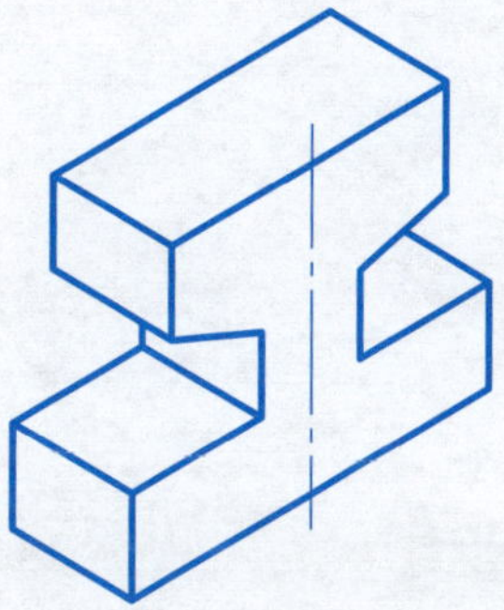

2.

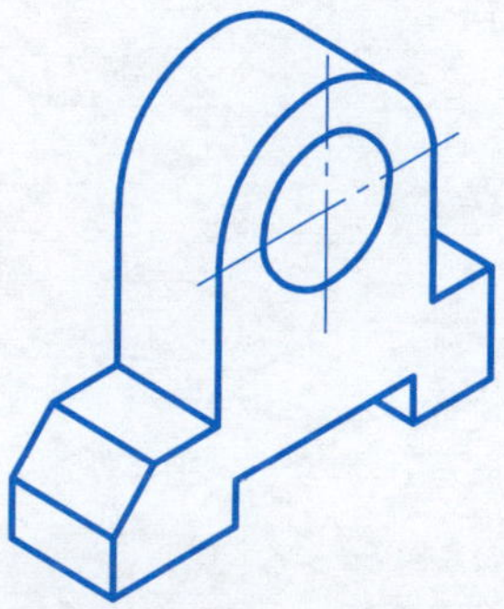

3.

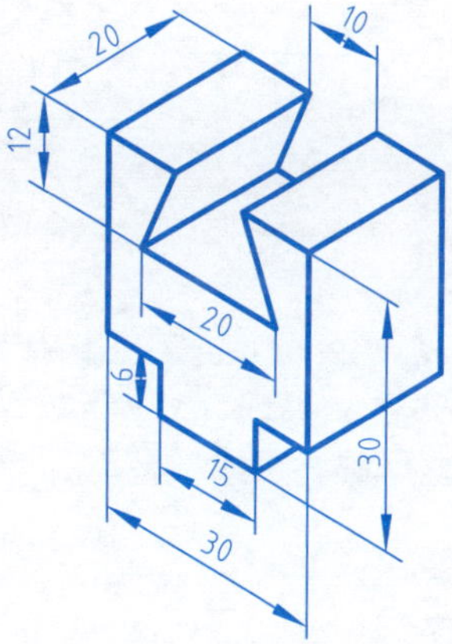

4.

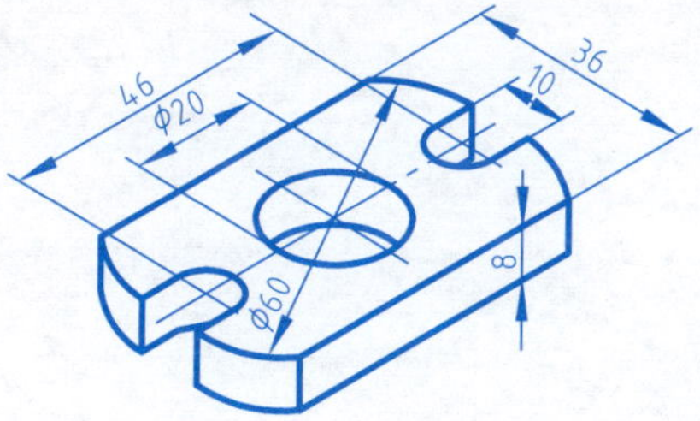

班级：________ 姓名：________ 学号：________ 成绩：________

2-2-3 补画柱体三视图所缺图线

1.

2.

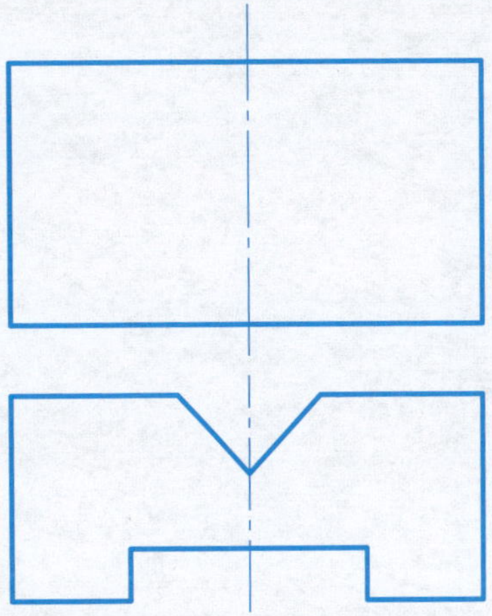

3.

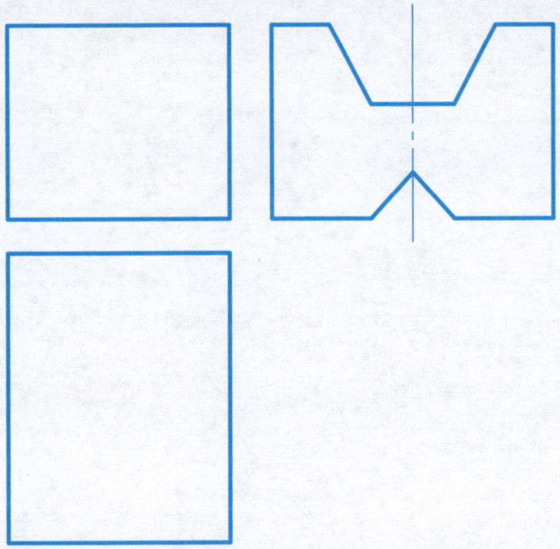

4.

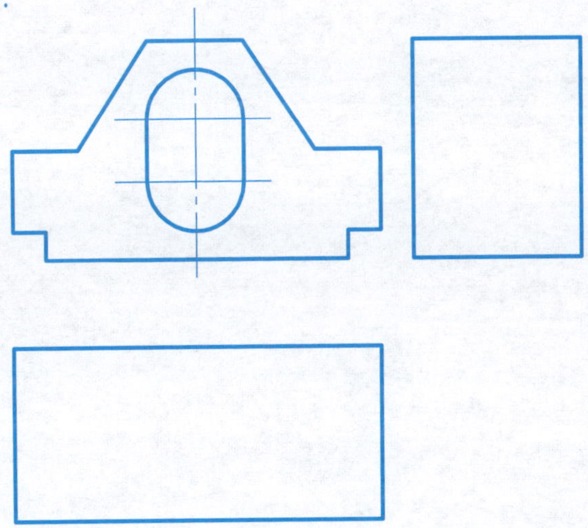

5.

6.

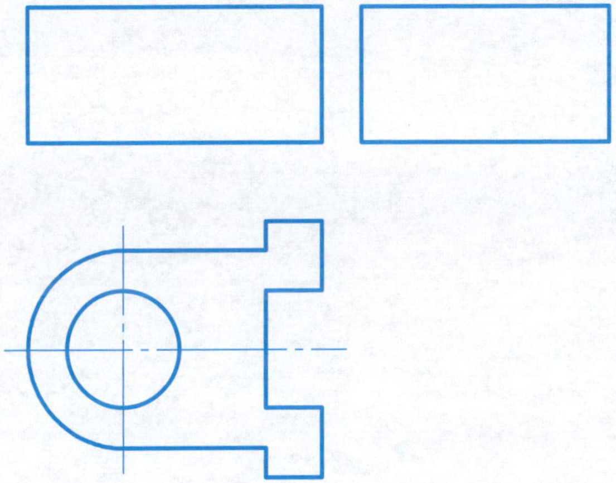

班级：________ 姓名：________ 学号：________ 成绩：________

2-2-4 补全柱体的三视图

1.

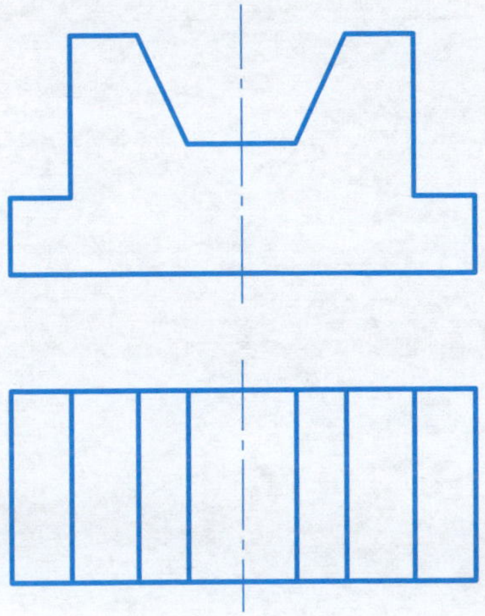

2.

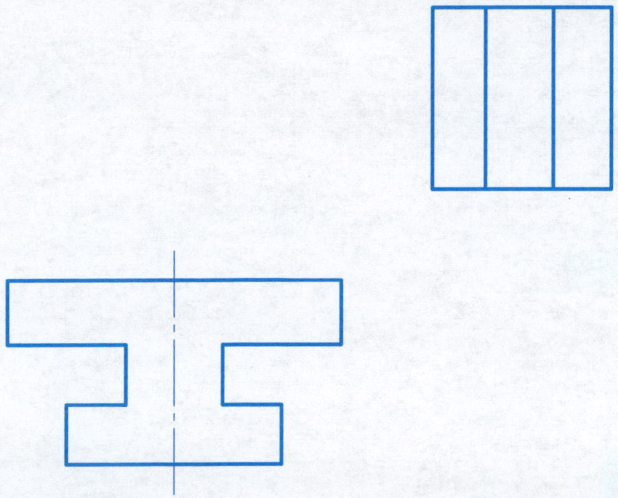

3.

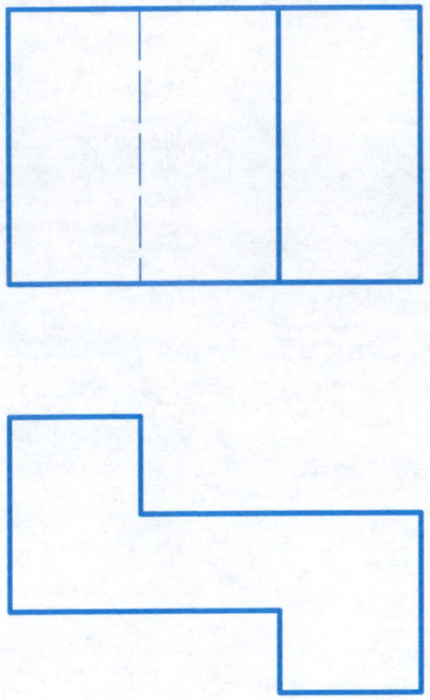

4.

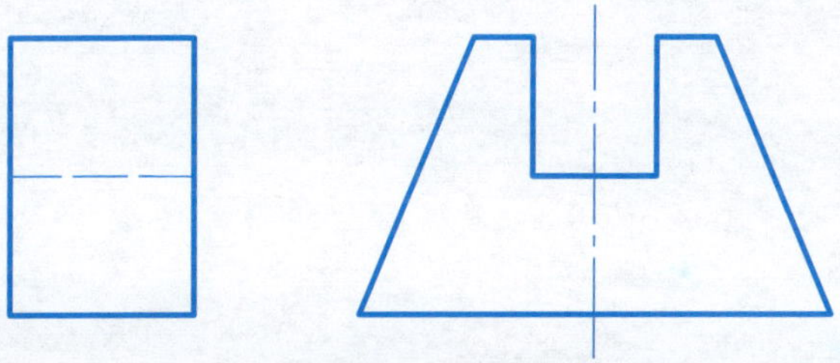

班级：__________ 姓名：__________ 学号：__________ 成绩：__________

2-2-5 基本体的三视图自测题：根据已知条件绘制基本体三视图

1.

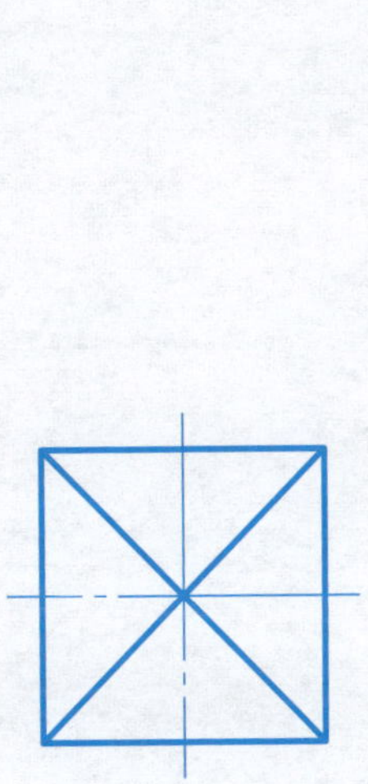

2.

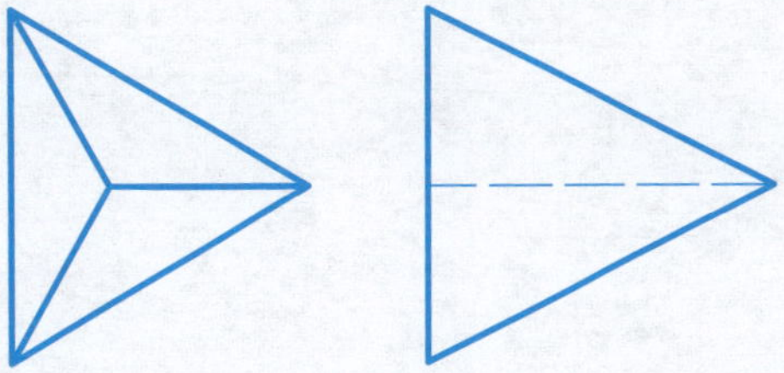

3. 已知正四棱台的主视图，补全三视图。

4.

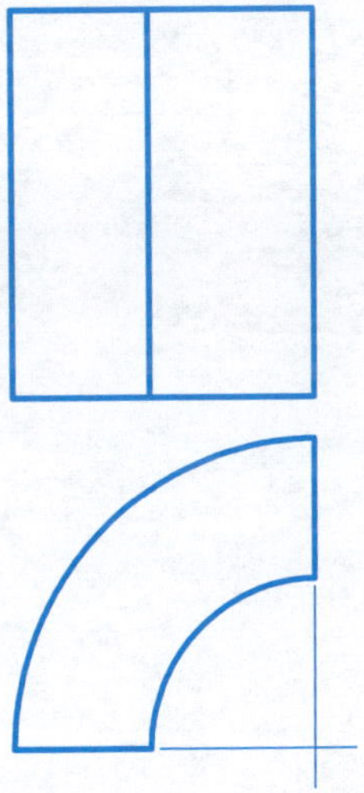

5.

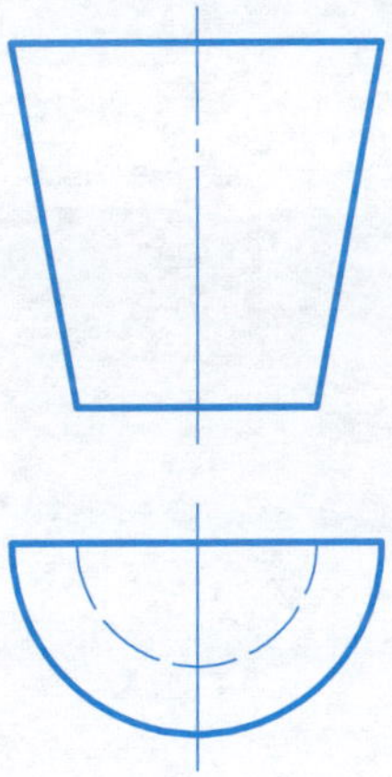

6.

班级：____________ 姓名：____________ 学号：____________ 成绩：____________

2-3 组合体的三视图

2-3-1 分析平面立体的截交线，补全三面投影（一）

1.

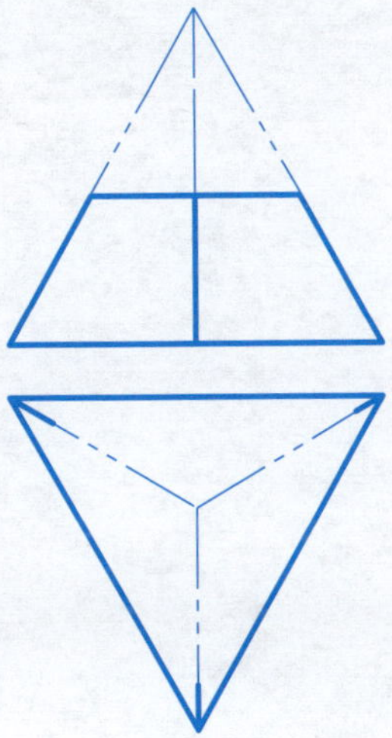

2.

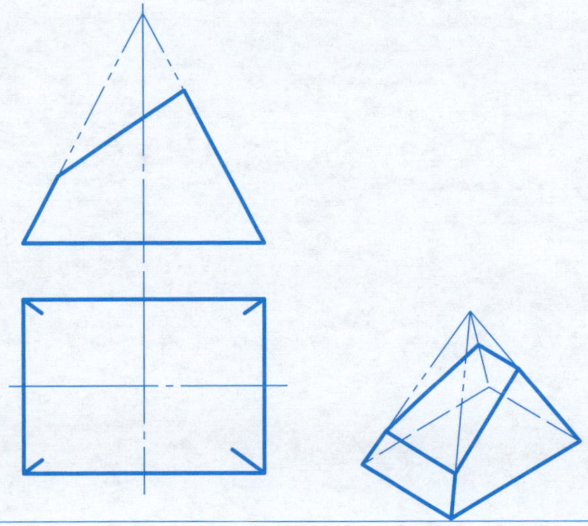

3.

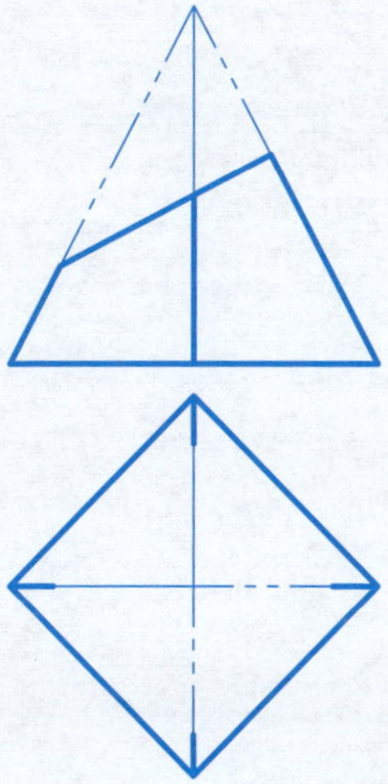

4.

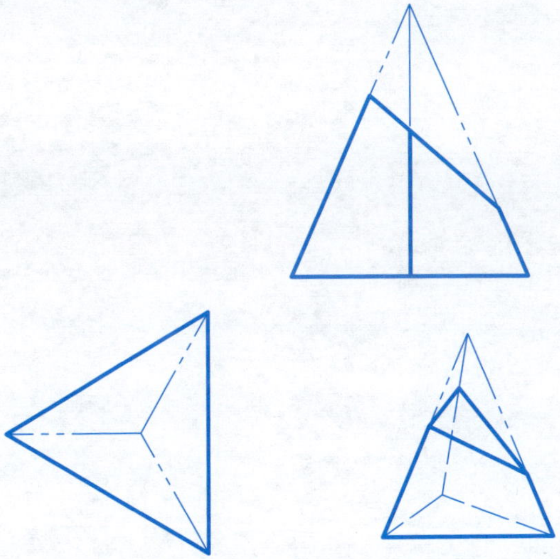

5.

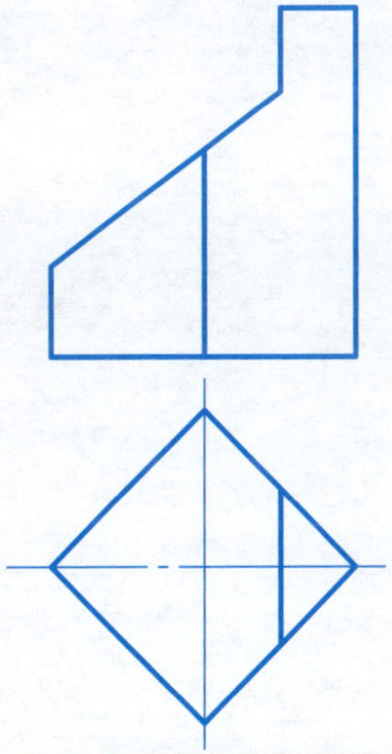

6.

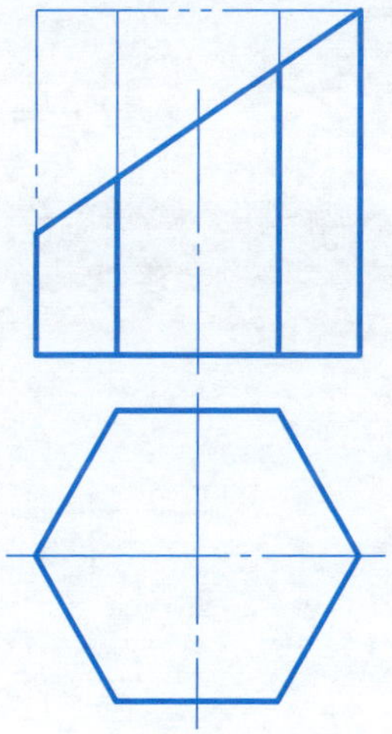

班级：________ 姓名：________ 学号：________ 成绩：________

2-3-1 分析平面立体的截交线，补全三面投影（二）

1.

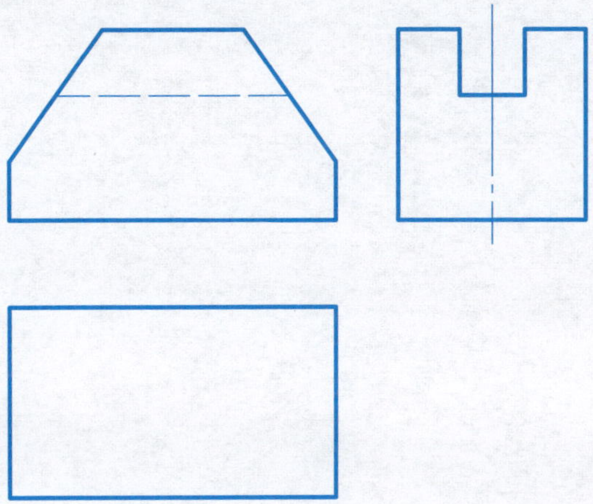

2.

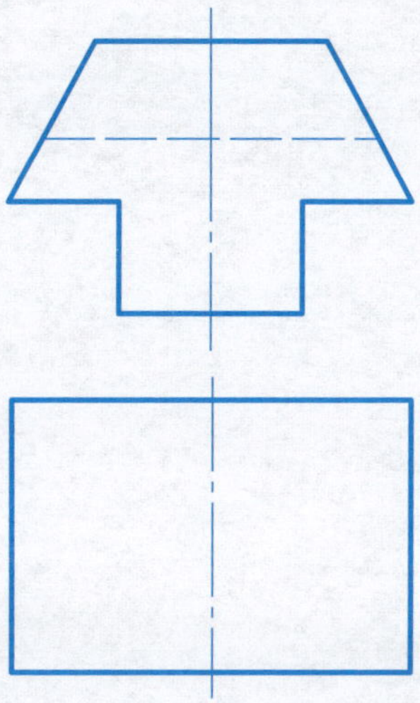

3.

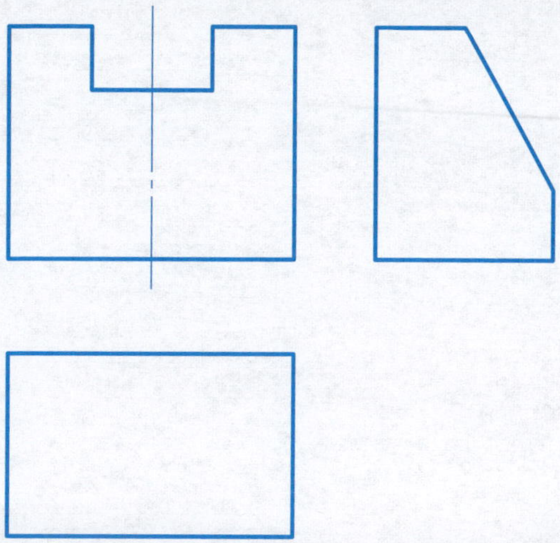

4.

5.

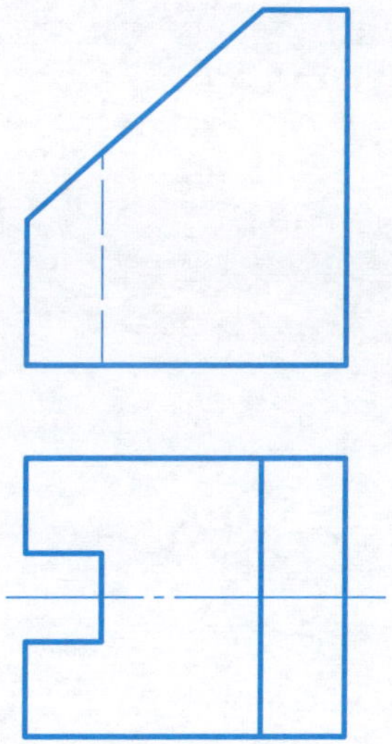

6.

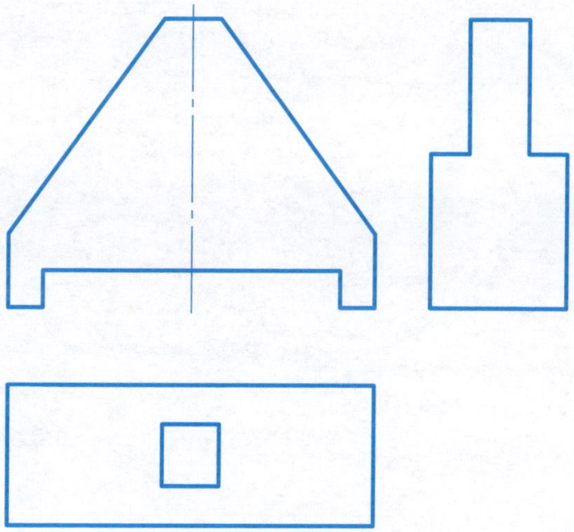

班级：________ 姓名：________ 学号：________ 成绩：________

2-3-1 分析平面立体的截交线，补全三面投影（二）

1.

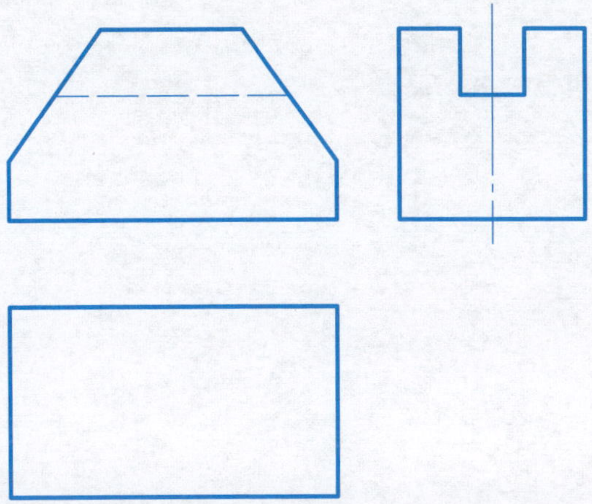

2.

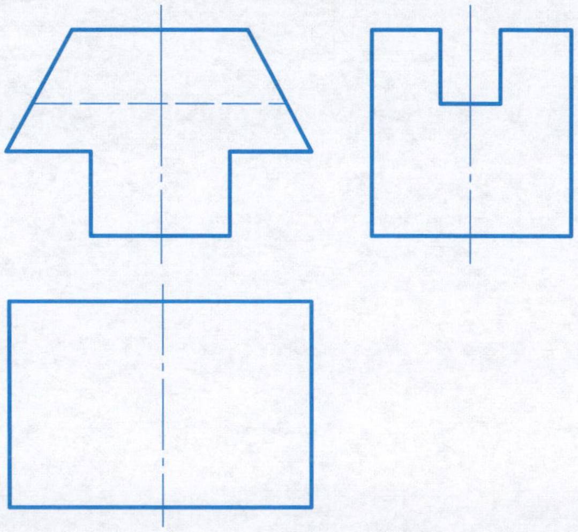

3.

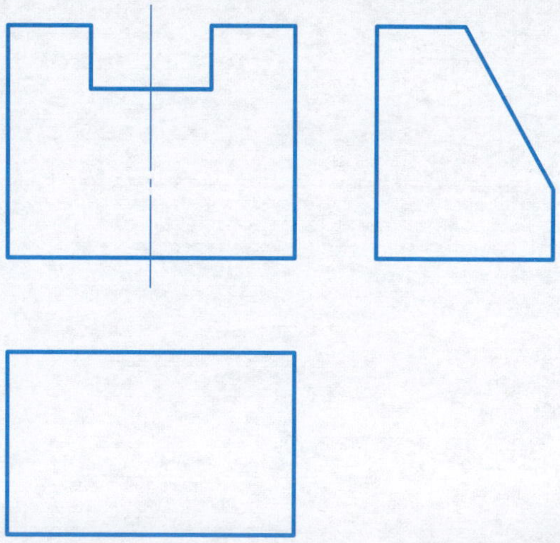

4.

5.

6.

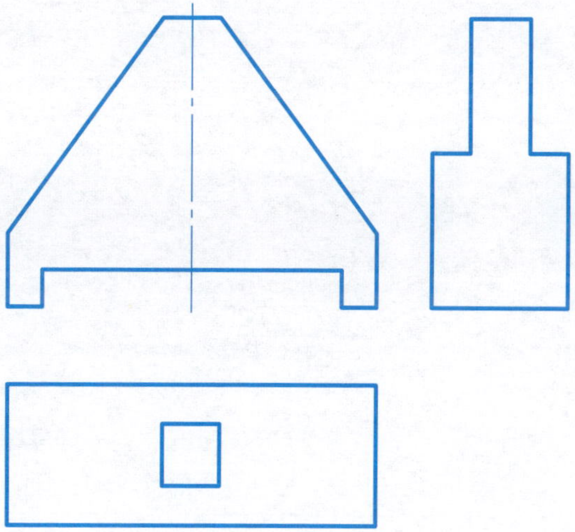

班级：________ 姓名：________ 学号：________ 成绩：________

2-3-1 分析平面立体的截交线，补全三面投影（三）

1.

2.

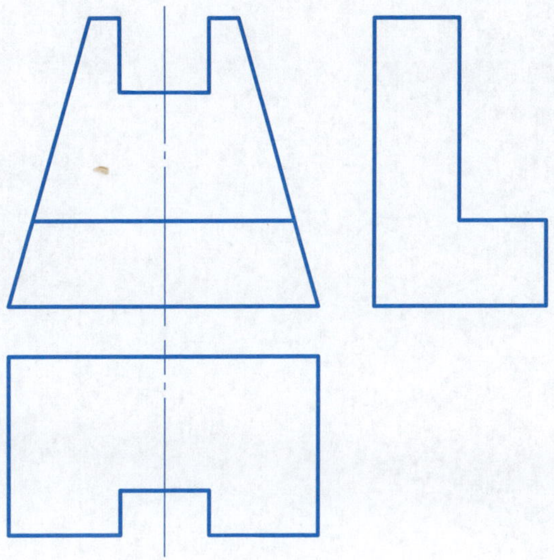

3.

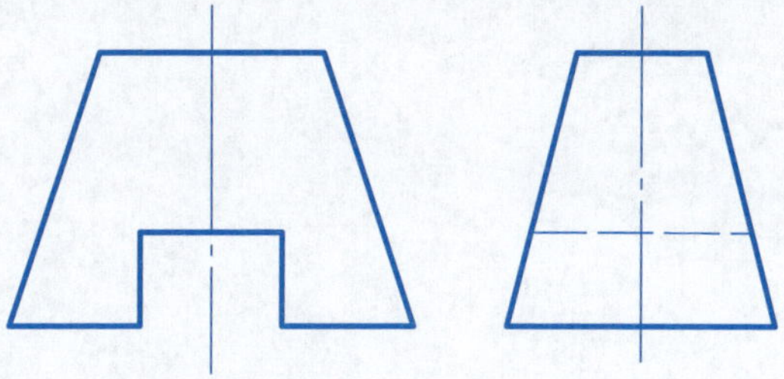

4.

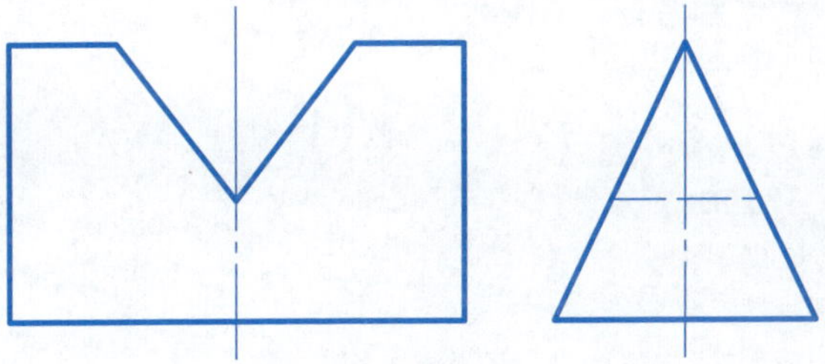

5.

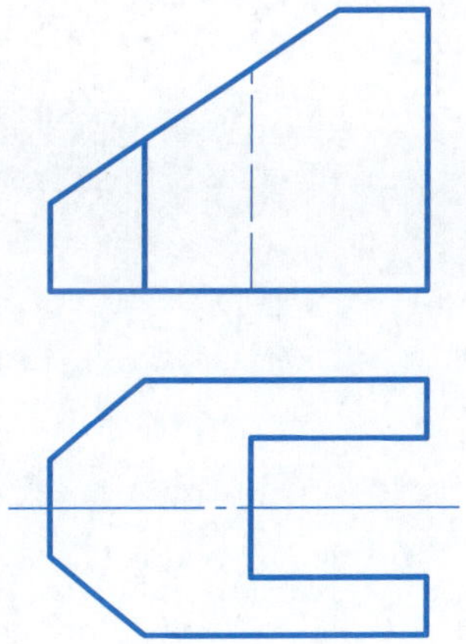

6.

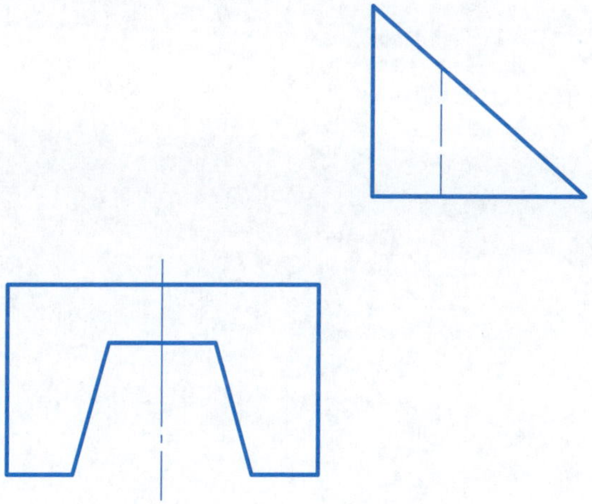

班级：__________ 姓名：__________ 学号：__________ 成绩：__________

2-3-1 分析平面立体的截交线，补全三面投影（四）

1.

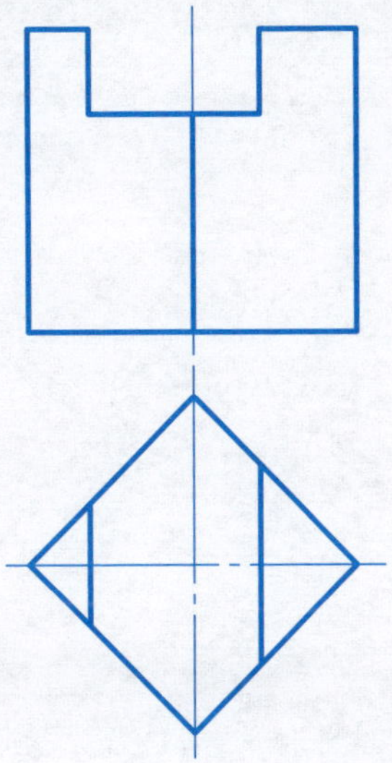

2.

3.

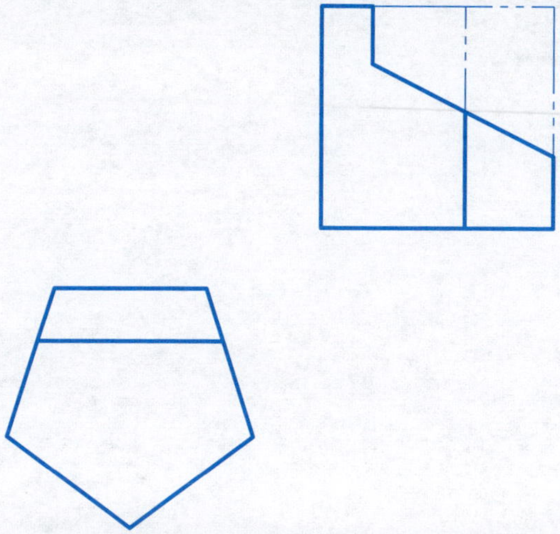

4.

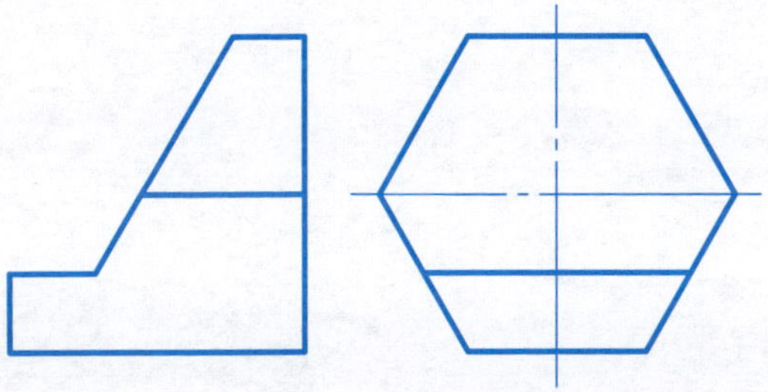

5.

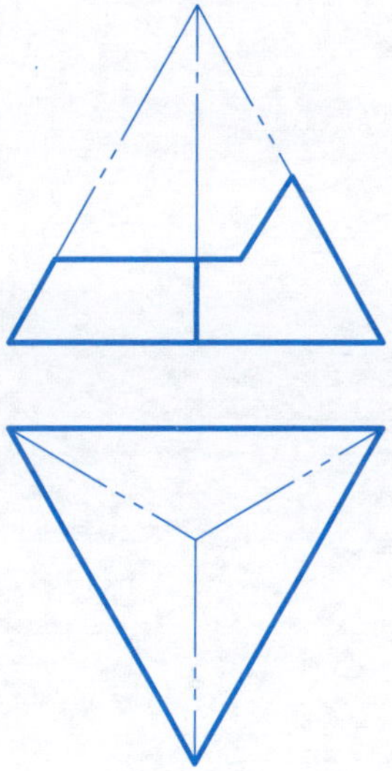

6.

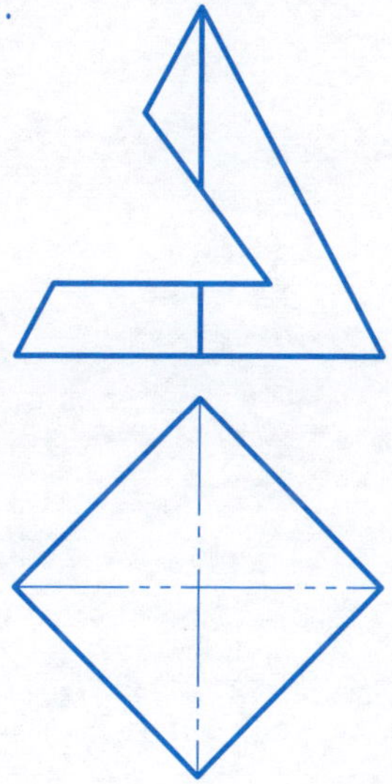

班级：________ 姓名：________ 学号：________ 成绩：________

2-3-2 已知两视图，找出正确的第三视图

1.

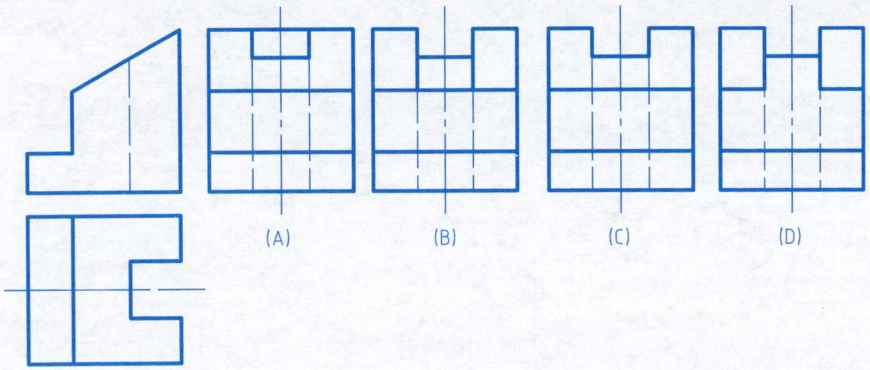

4.

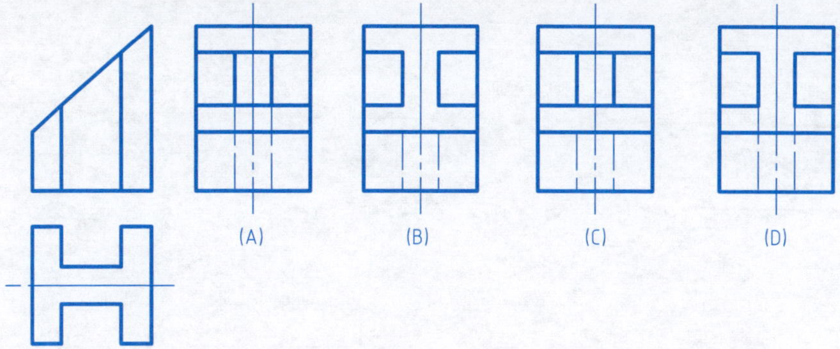

2.

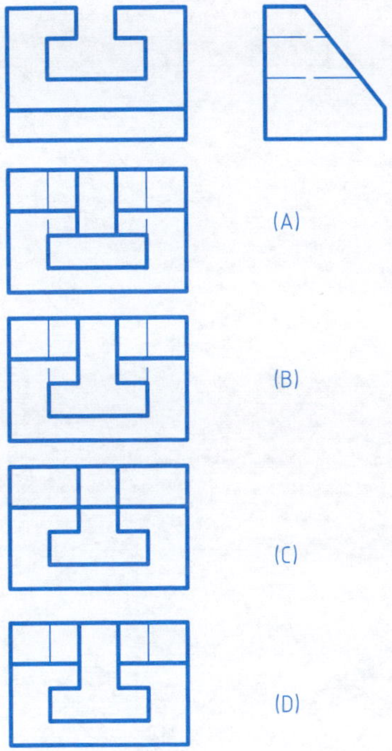

3.

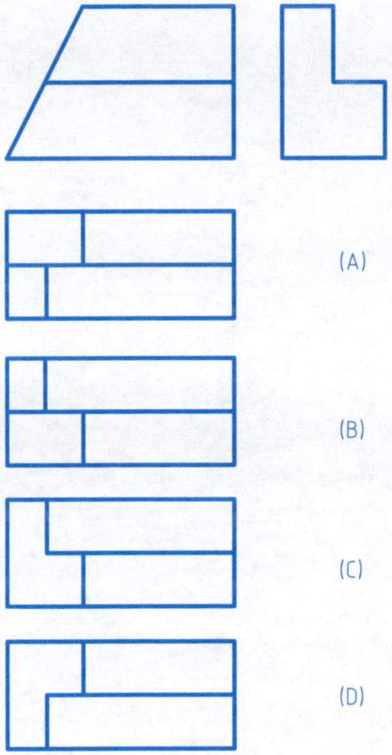

5.

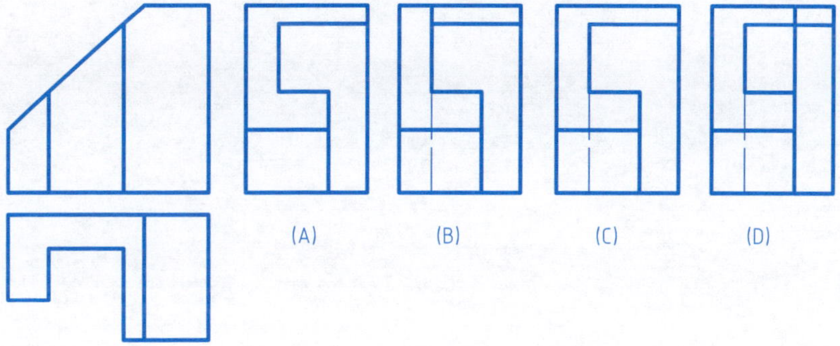

6.

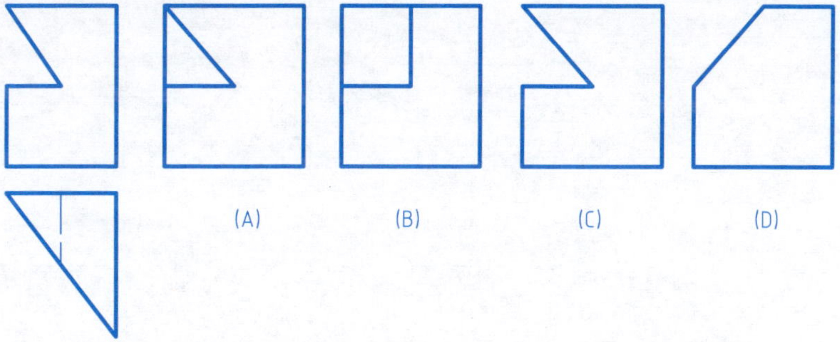

班级：________ 姓名：________ 学号：________ 成绩：________

2-3-3 分析曲面立体的截交线，补全三面投影（一）

1.

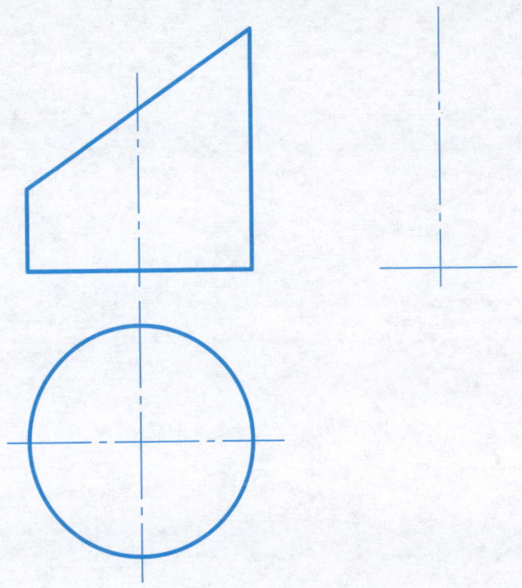

2.

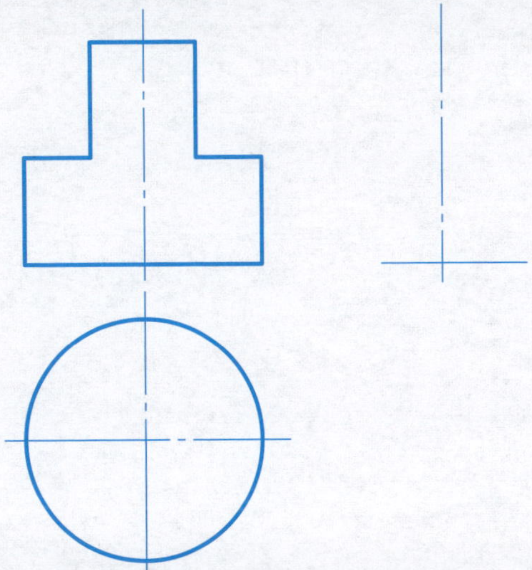

3.

4.

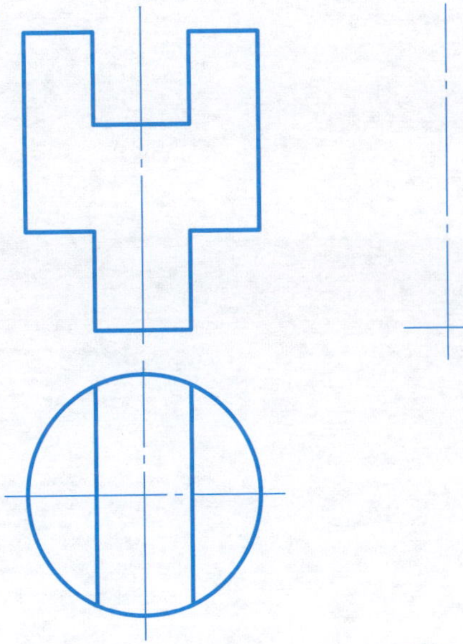

5.

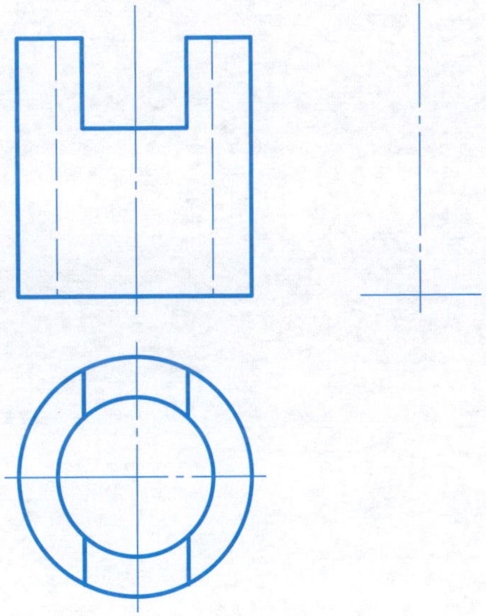

6.

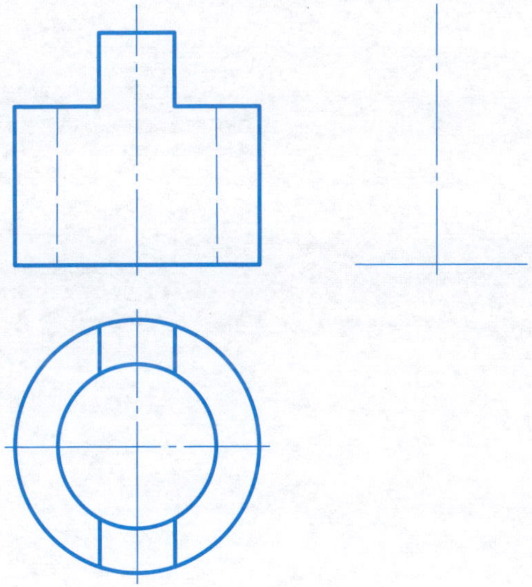

班级：________ 姓名：________ 学号：________ 成绩：________

2-3-3 分析曲面立体的截交线，补全三面投影（二）

1.

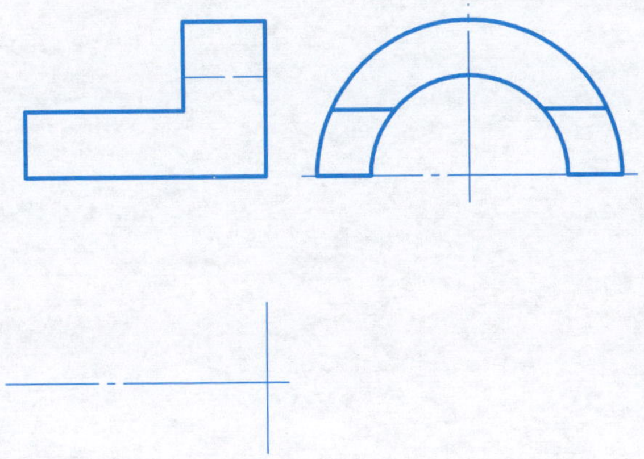

2.

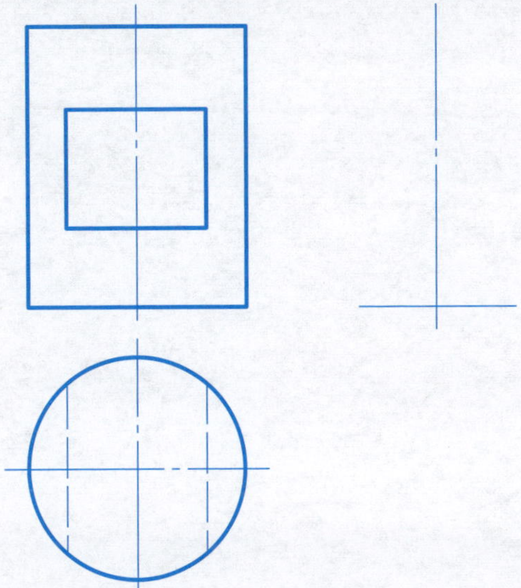

3.

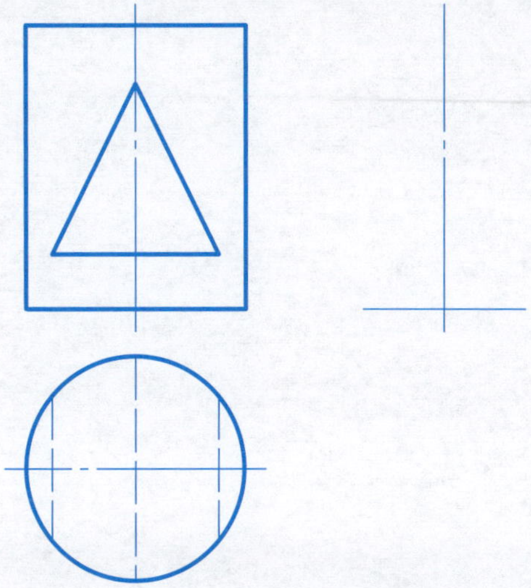

4.

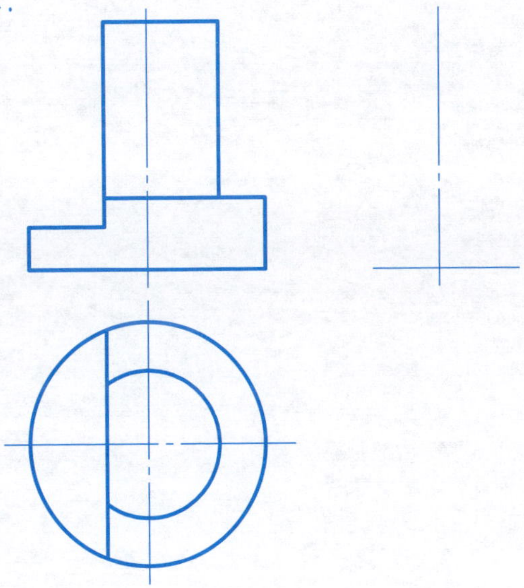

5.

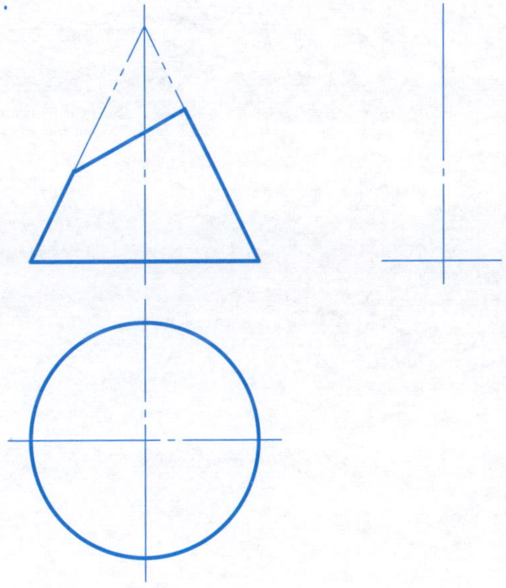

6.

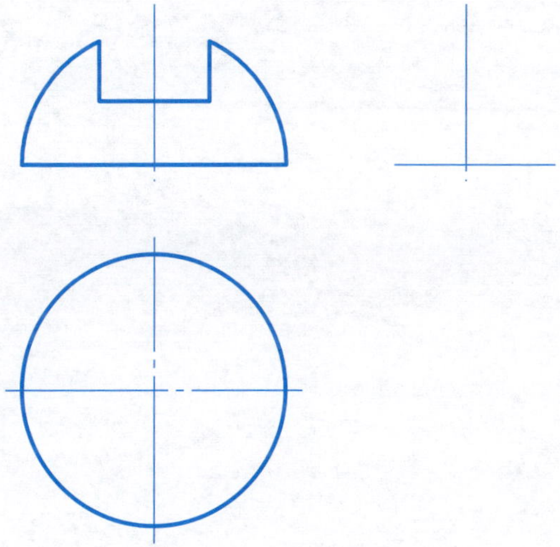

班级：________ 姓名：________ 学号：________ 成绩：________

2-3-4 已知两视图，找出正确的第三视图

1.

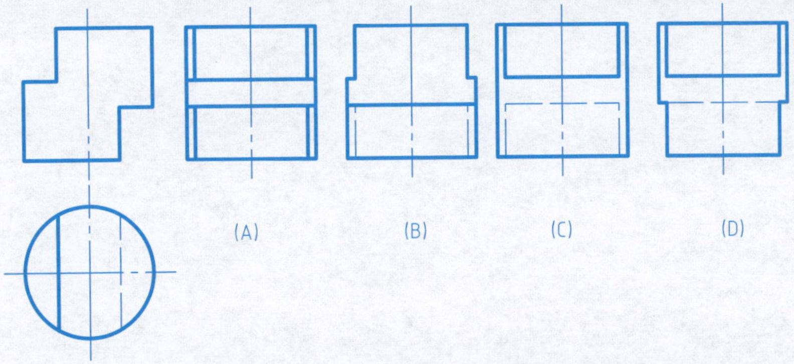

2.

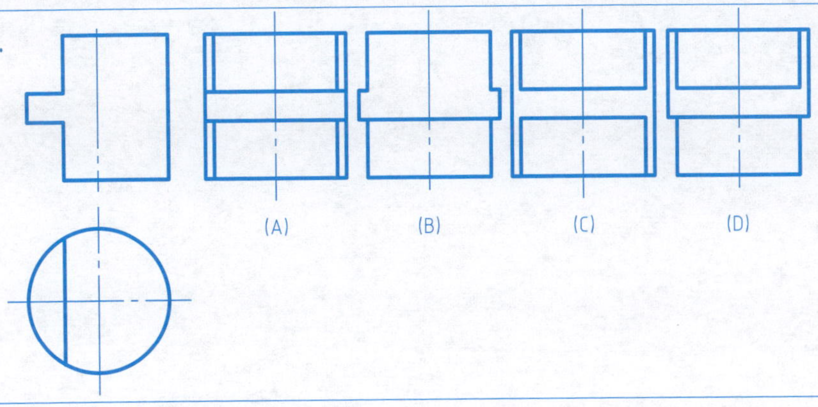

3.

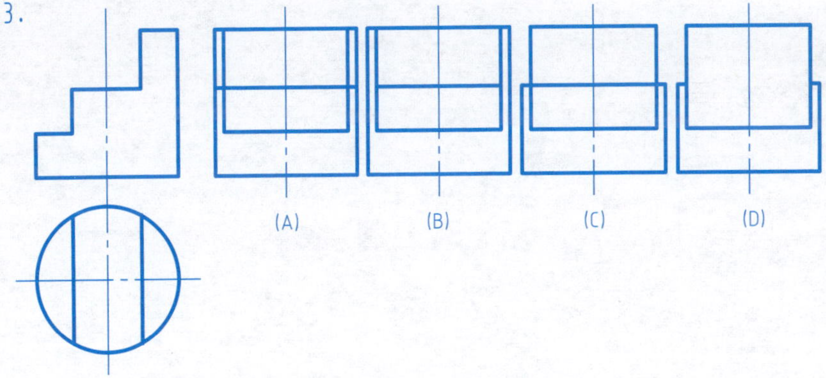

4.

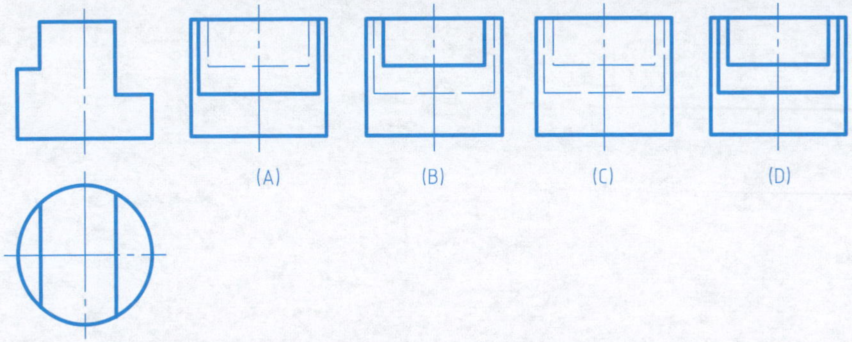

5.

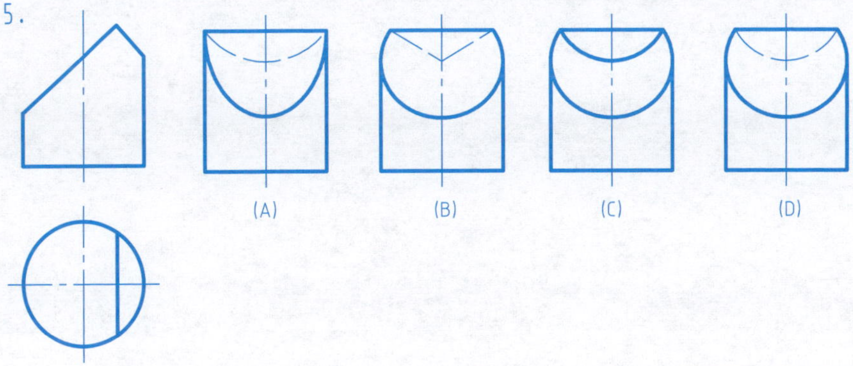

6.

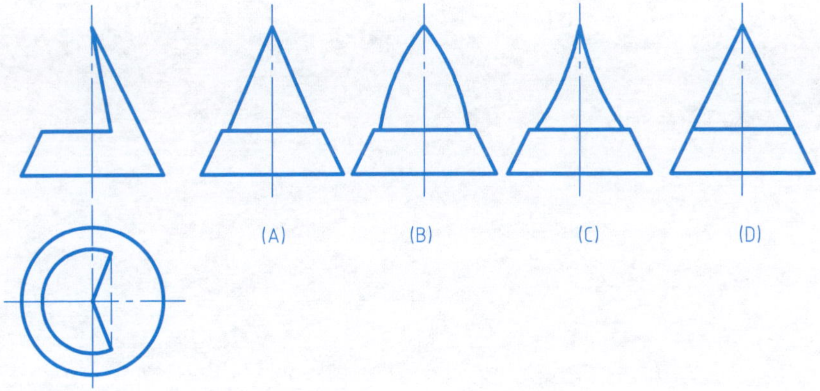

班级：________ 姓名：________ 学号：________ 成绩：________

2-3-5 分析相贯线，补全三面投影（一）

1.

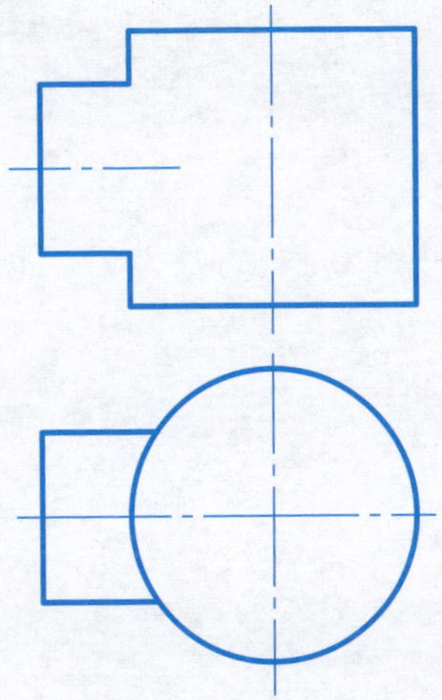

2.

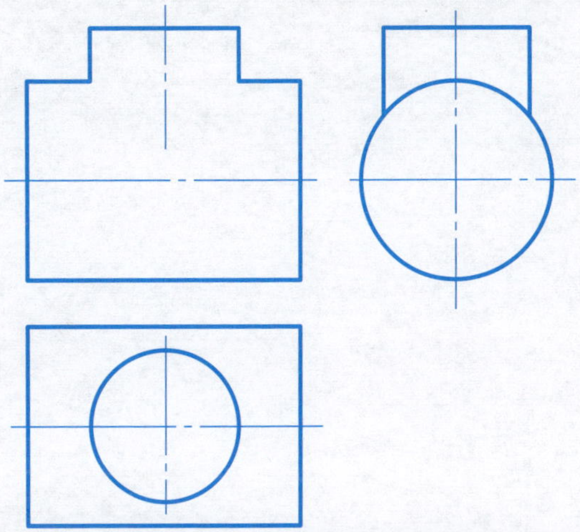

3.

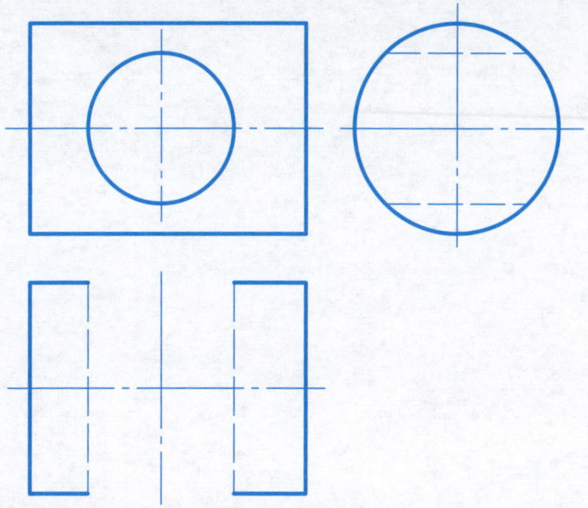

4.

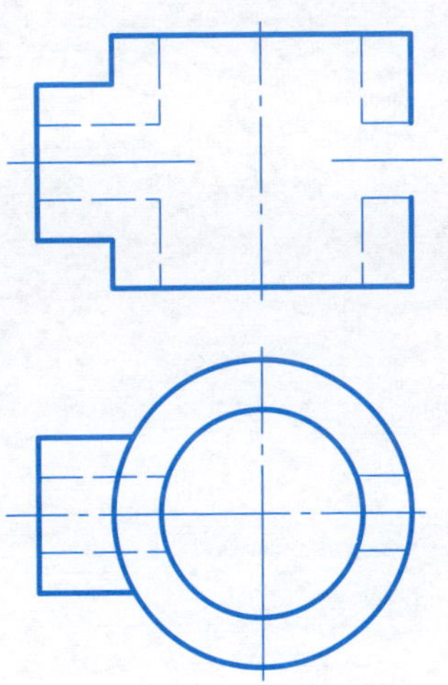

5.

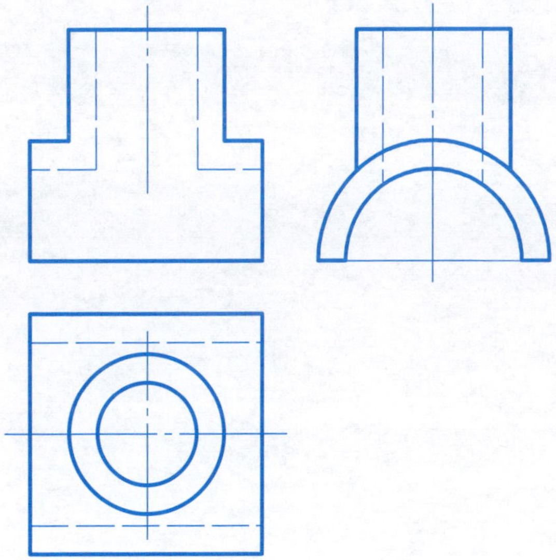

6.

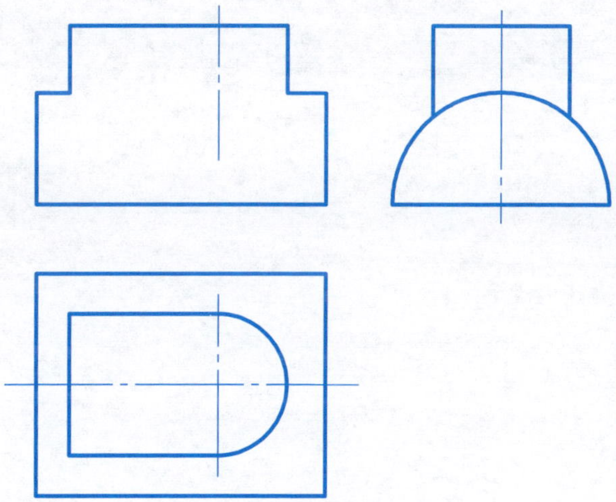

班级：________ 姓名：________ 学号：________ 成绩：________

2-3-5 分析相贯线，补全三面投影（二）

1.

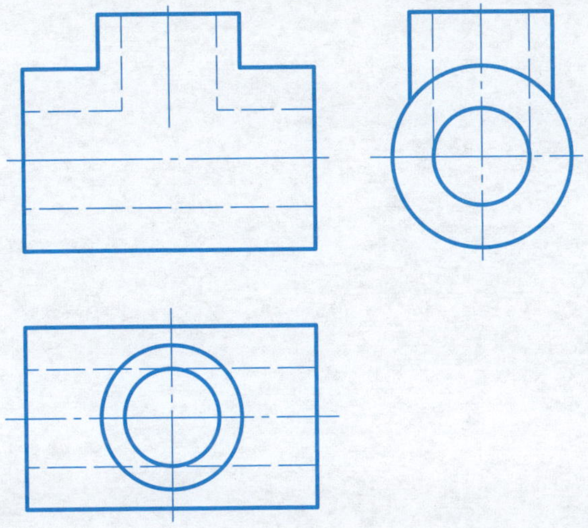

2.

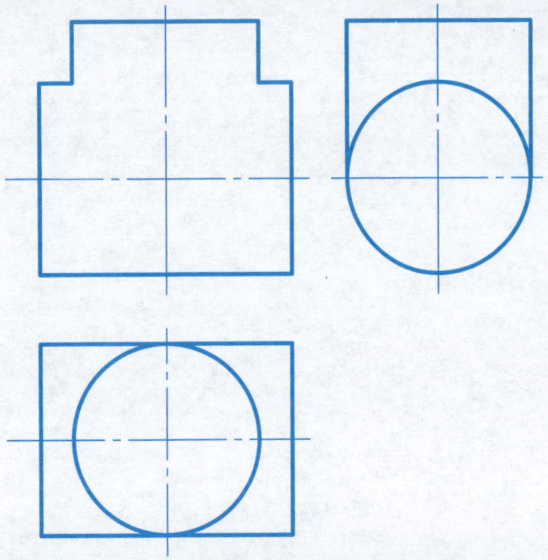

3.

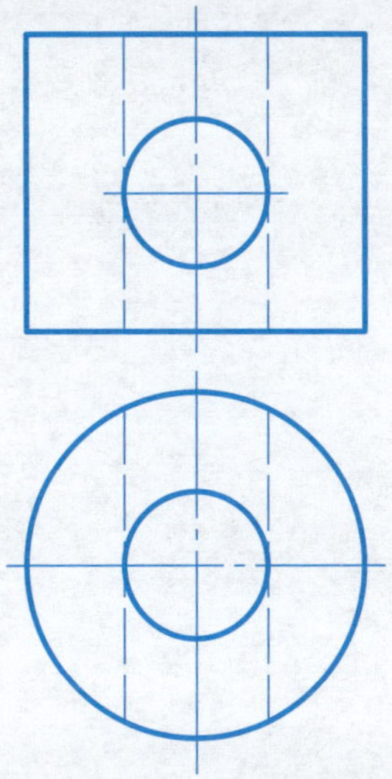

4.

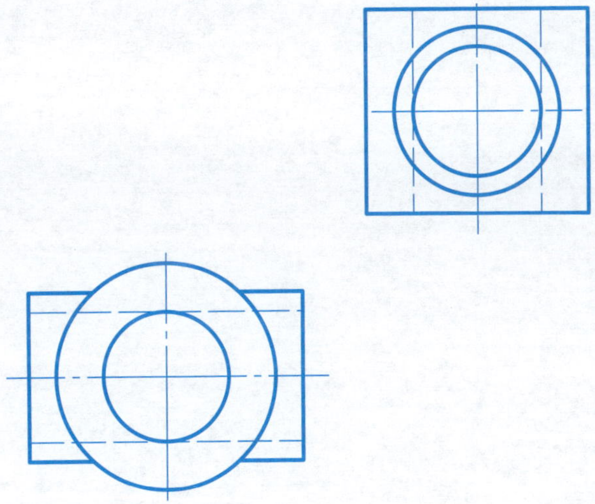

5.

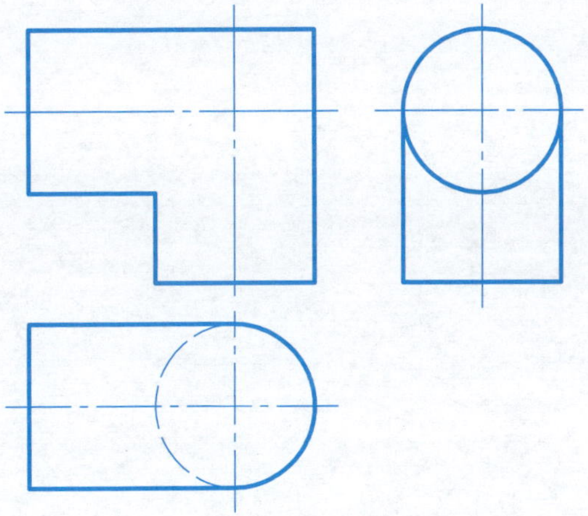

6.

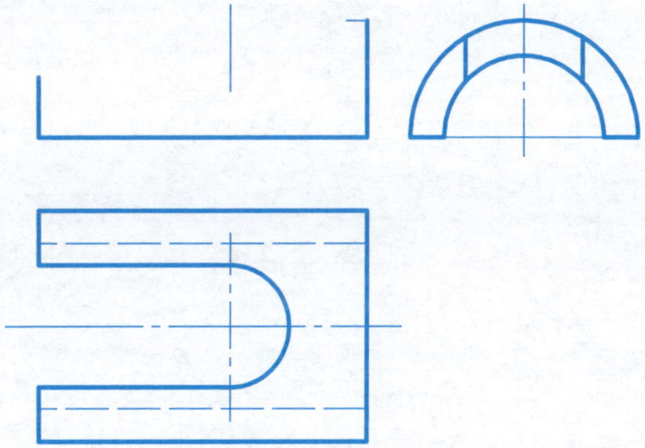

班级：________ 姓名：________ 学号：________ 成绩：________

2-3-5 分析相贯线，补全三面投影（三）

1.

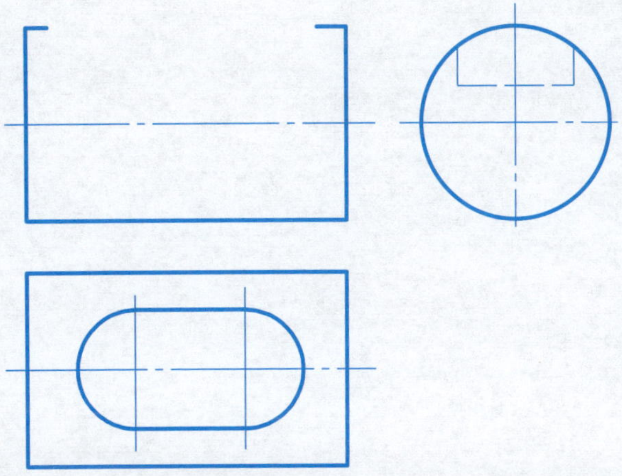

2.

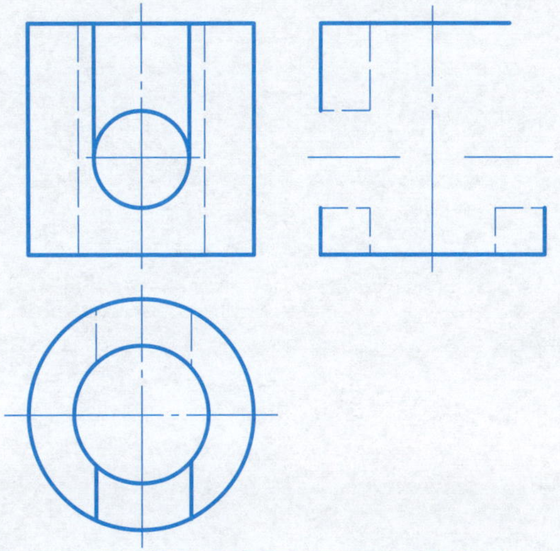

3.

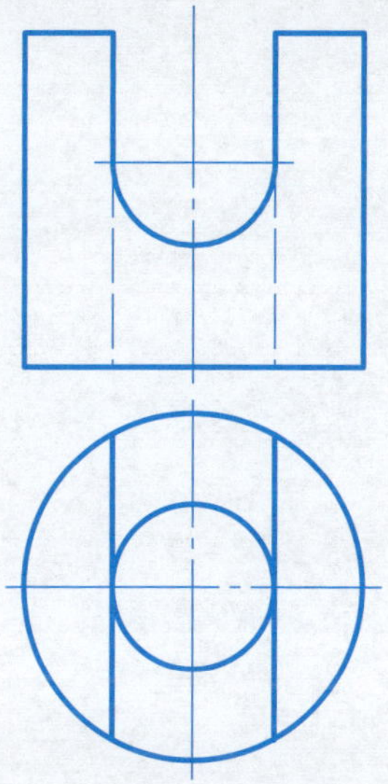

4.

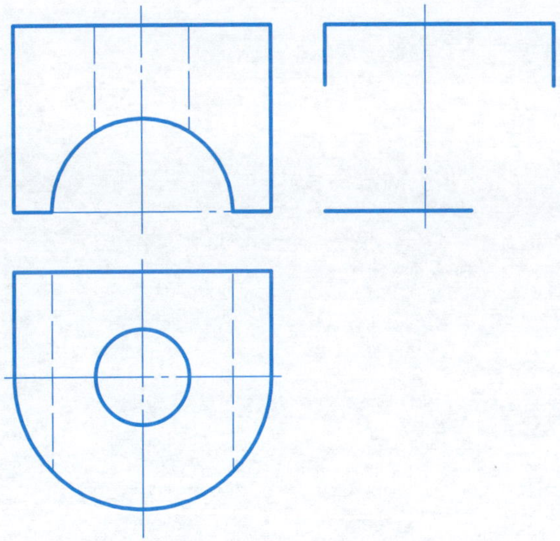

5.

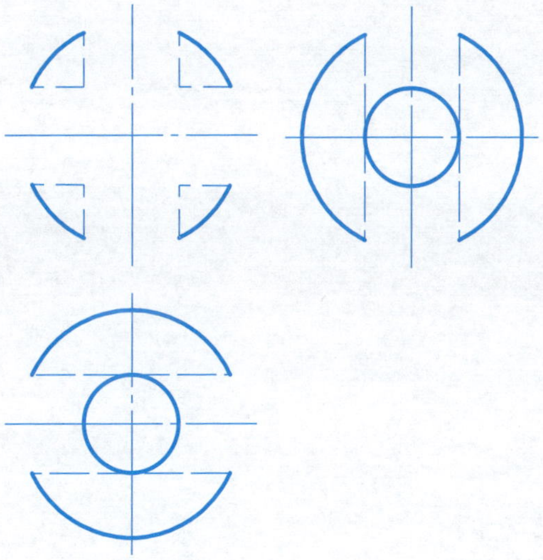

6.

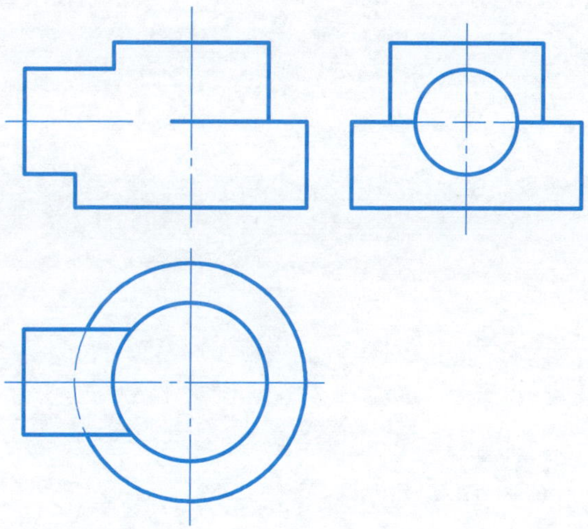

班级：________ 姓名：________ 学号：________ 成绩：________

2-3-5 分析相贯线，补全三面投影（四）

1.

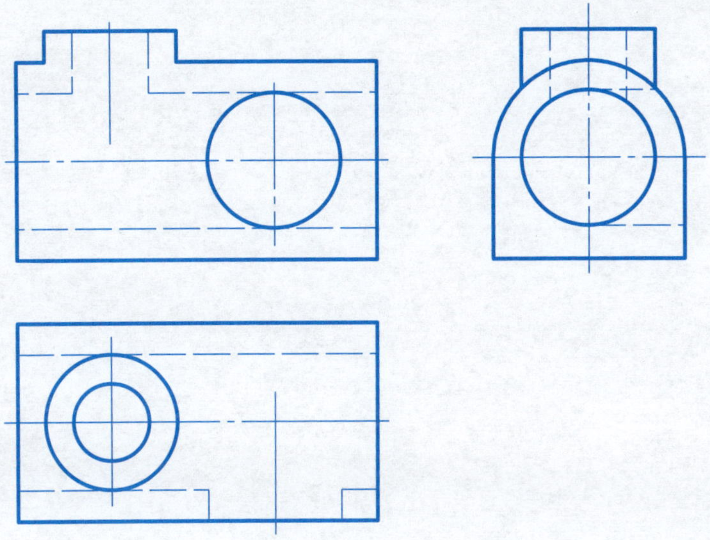

2.

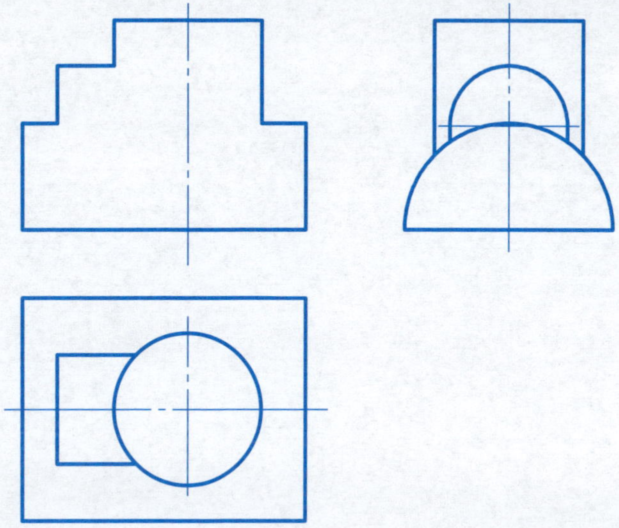

3.

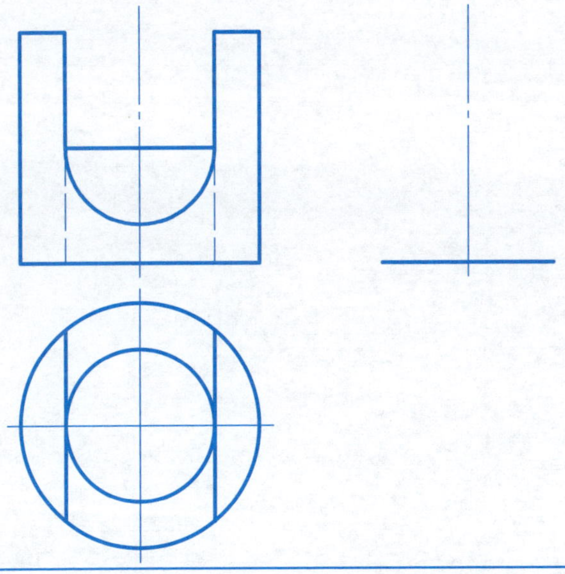

4.

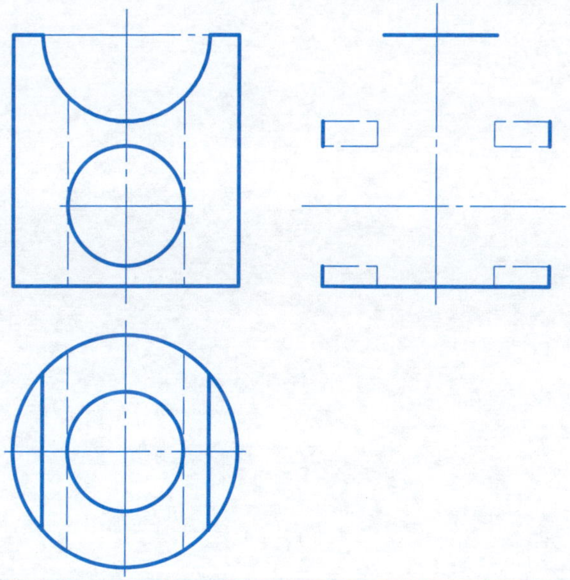

班级：__________ 姓名：__________ 学号：__________ 成绩：__________

2-3-6 已知两视图，找出正确的第三视图

1.

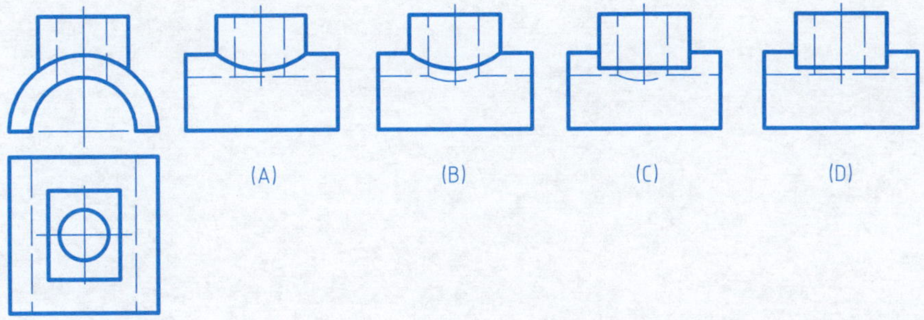

2.

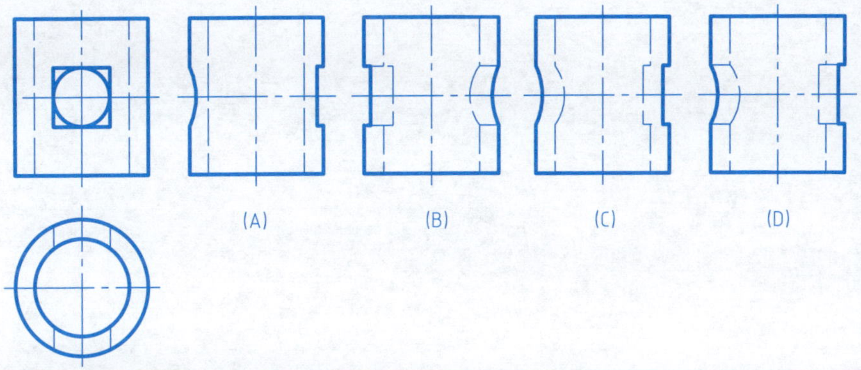

3.

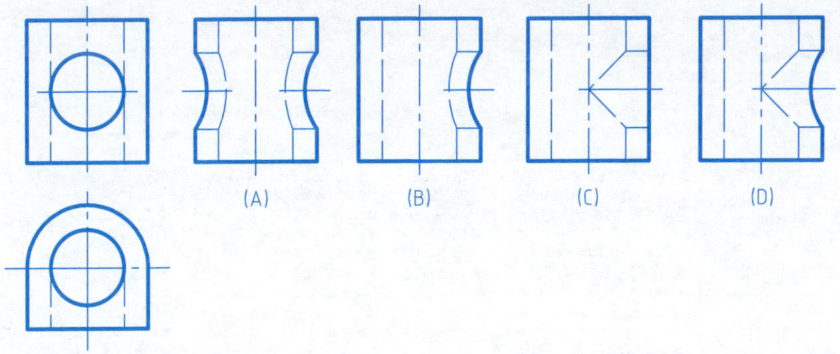

4.

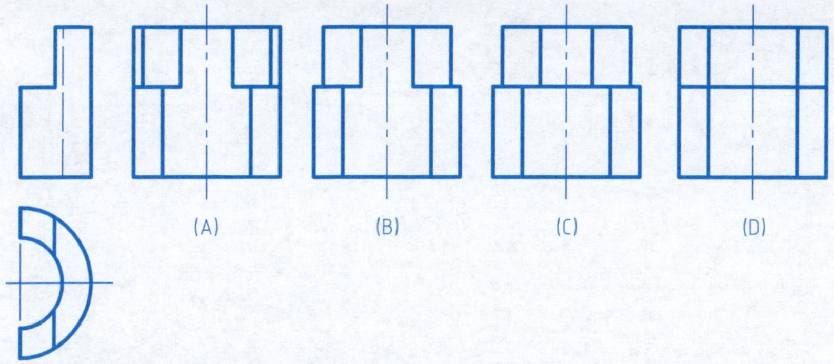

5.

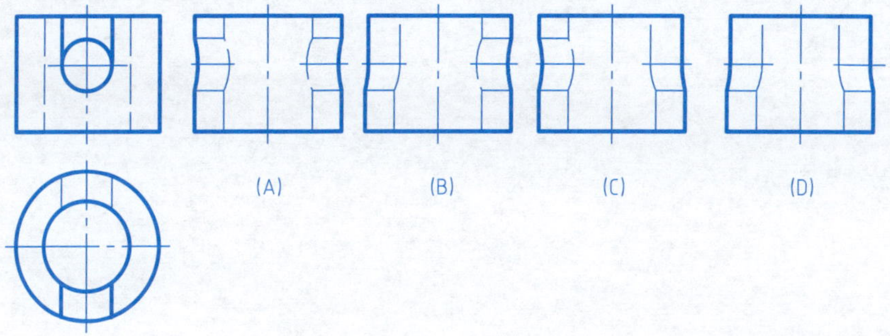

6.

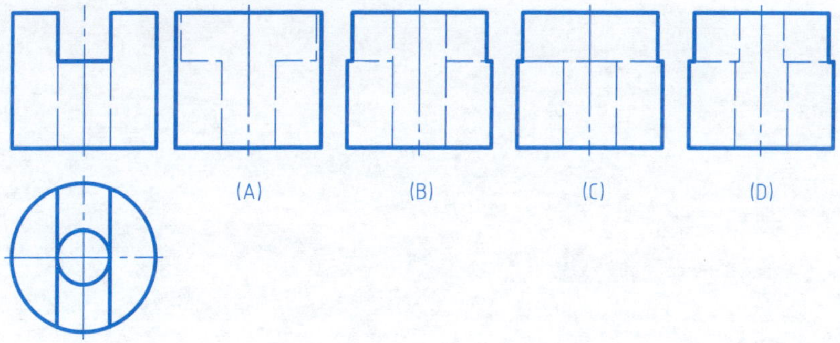

班级：__________ 姓名：__________ 学号：__________ 成绩：__________

2-3-7 组合体的形体分析：补画视图中的漏线及用“×”改正错误的图线

1.

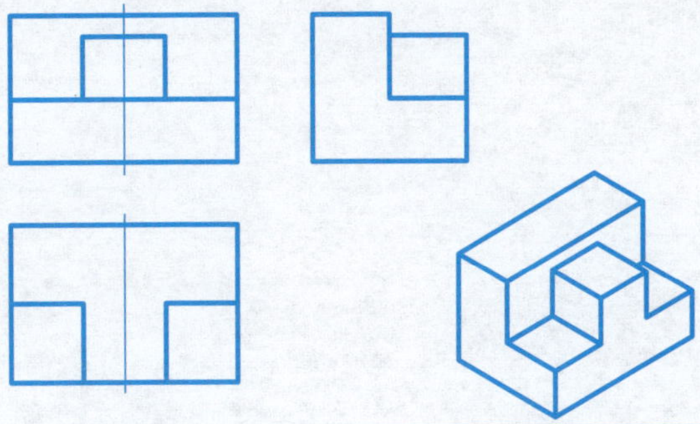

2.

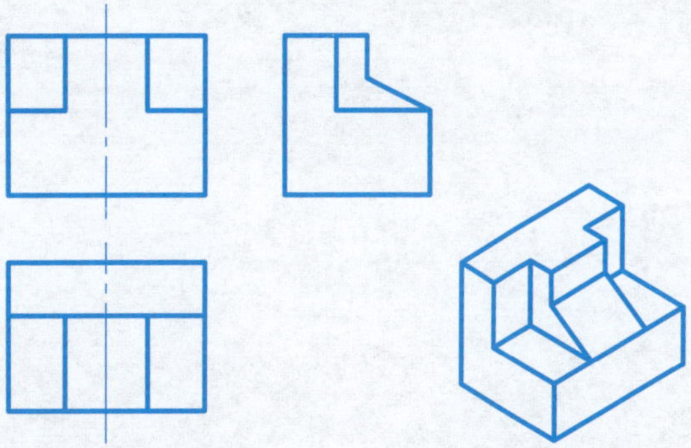

3.

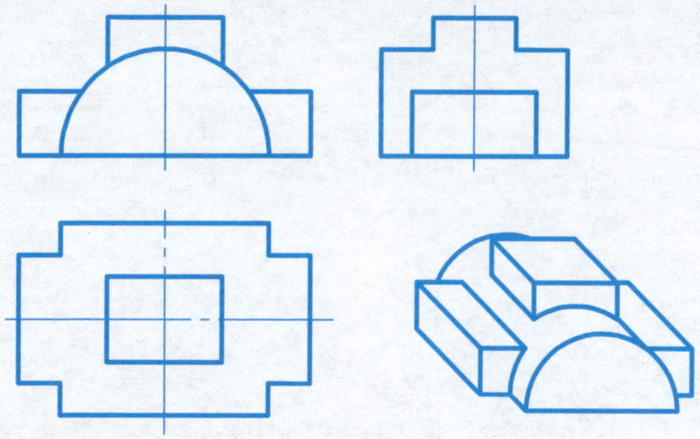

4.

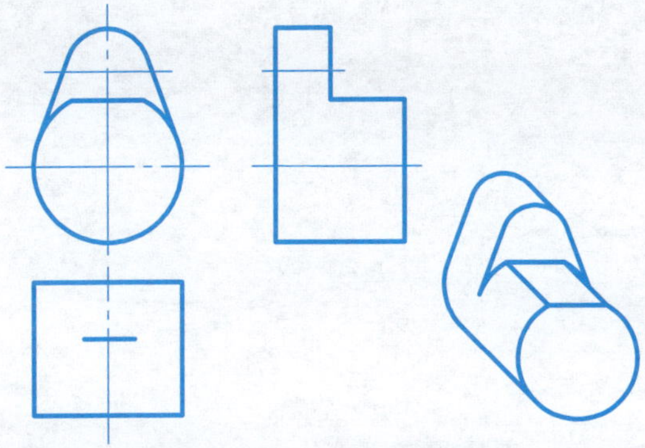

5.

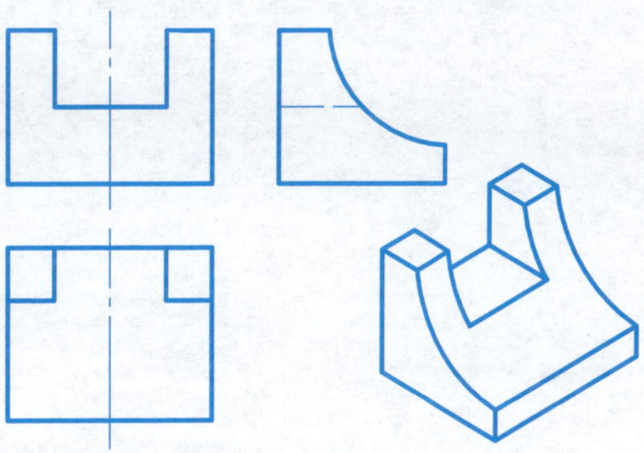

6.

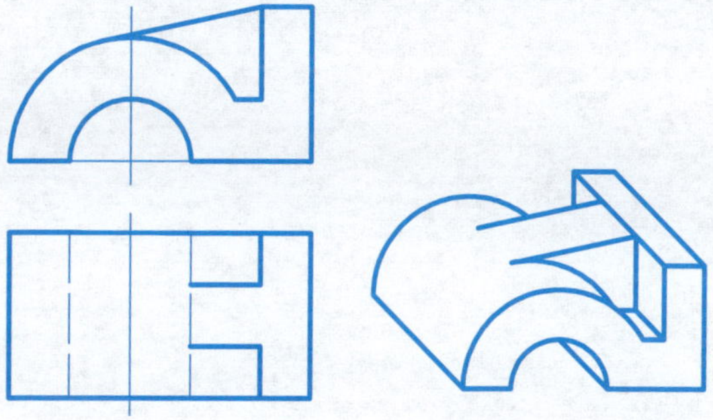

7.

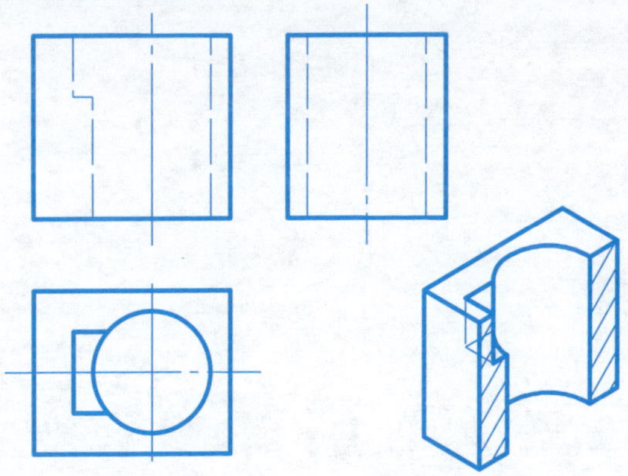

8.

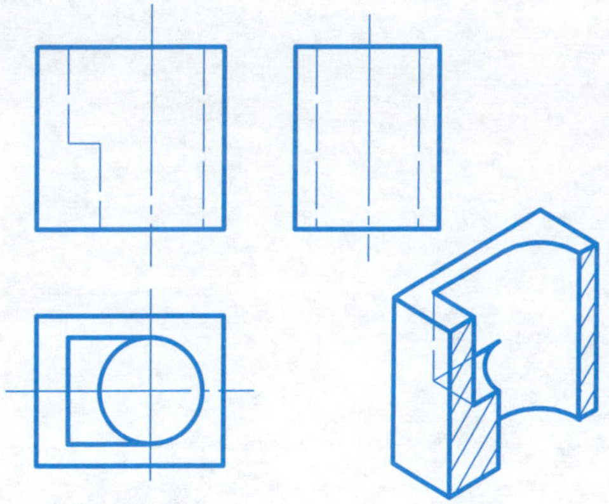

9.

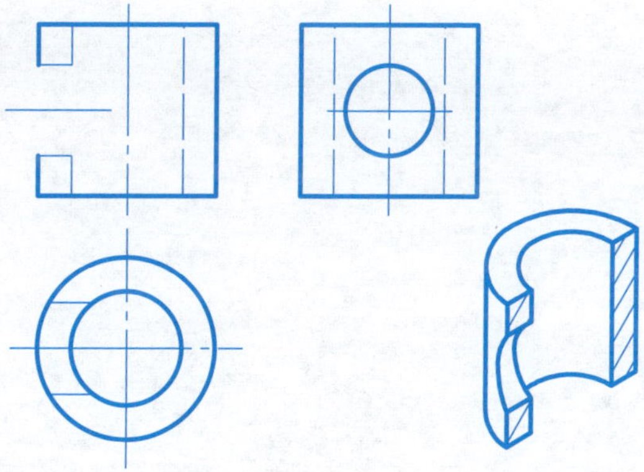

班级：________ 姓名：________ 学号：________ 成绩：________

2-3-8 根据轴测图，按形体分析法画组合体三视图（一）

1.

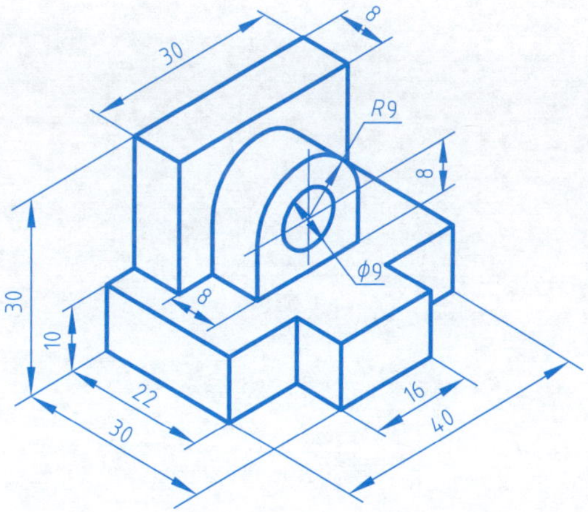

2.

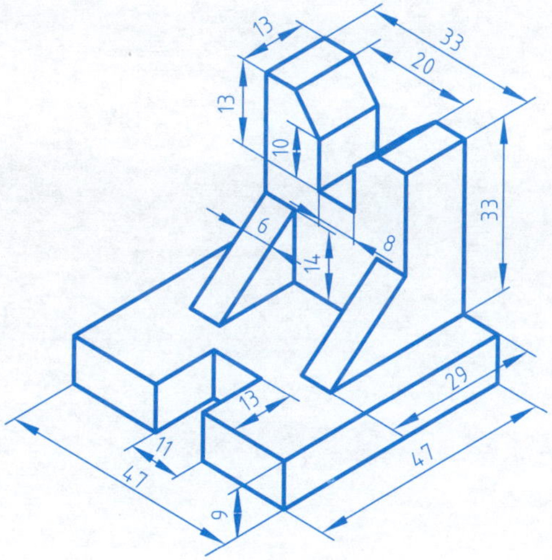

2-3-8 根据轴测图，按形体分析法画组合体三视图（二）

1.

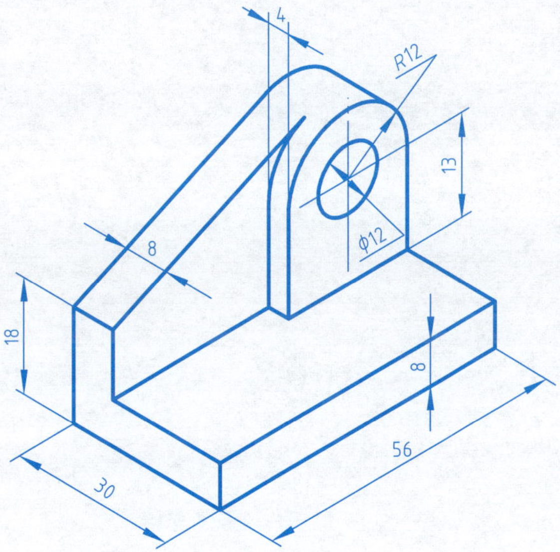

2.

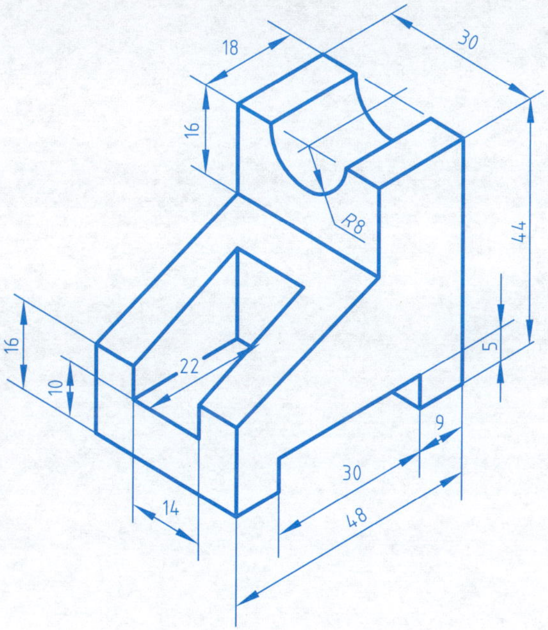

2-3-9 课内专项训练：组合体的三视图画法

一、目的

1. 进一步掌握根据轴测图画组合体三视图的方法，提高绘图技能。

2. 继续练习使用绘图仪器和工具。

二、内容及要求

1. 根据轴测图画组合体三视图。

2. 用A3或A4图纸。

3. 自己选定绘图比例。

三、绘图步骤

1. 运用形体分析法搞清组合体的组成部分以及各组成部分之间的相对位置和表面连接关系。

2. 选择主视图的投射方向，所选的主视图应能明显地表达组合体的形状位置特征。

3. 按轴测图所注尺寸，布置三个视图位置，画出各视图的基准线。

4. 应用形体分析法逐一绘制各组成部分的三视图。

5. 校对，描深，加粗，填写标题栏等。

四、注意点

1. 画图前应仔细观察物体形状，了解形体特点。

2. 注意各组成部分的表面连接关系，正确画出连接处图线。

1.

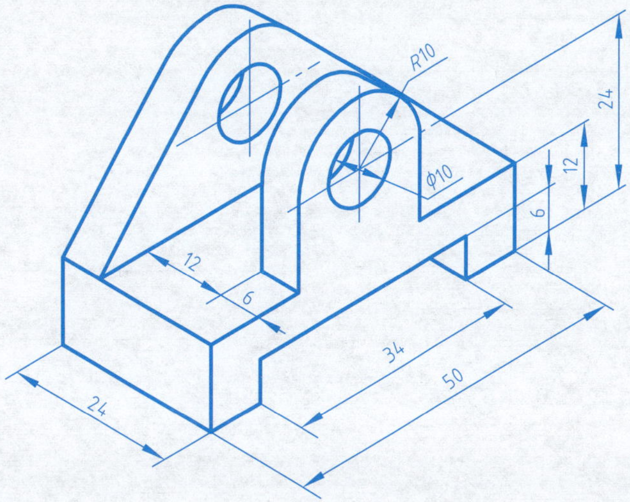

2.

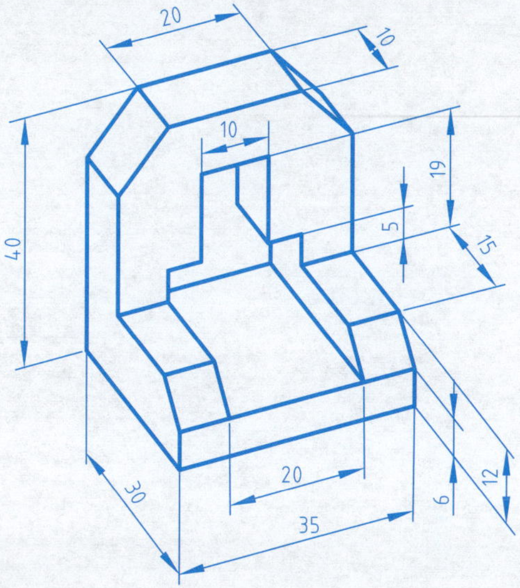

3.

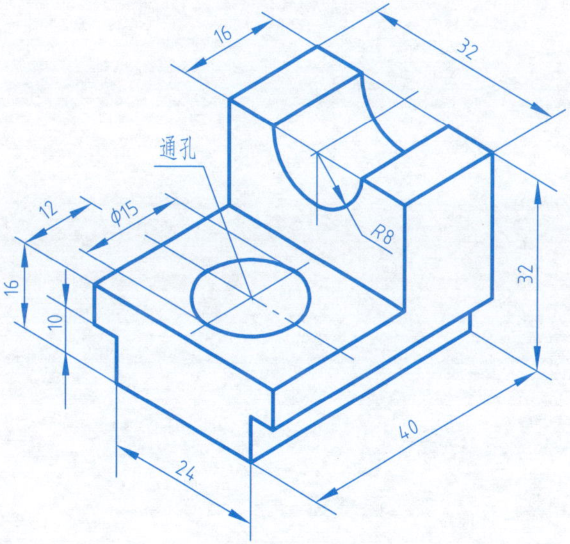

4.

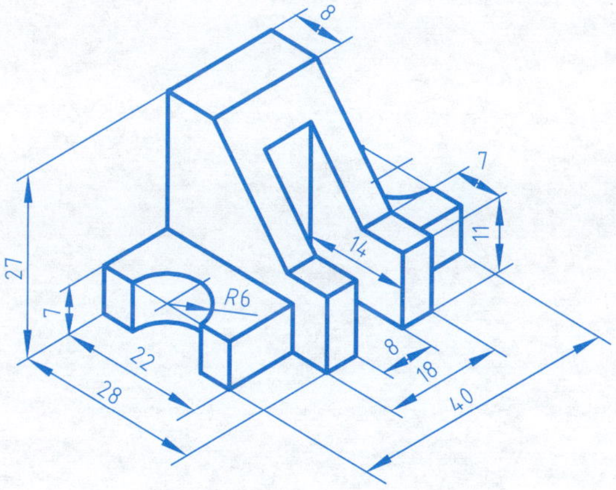

班级：________ 姓名：________ 学号：________ 成绩：________

2-3-10 标注组合体的尺寸，尺寸数值按1:1从图中量取整数（一）

1.

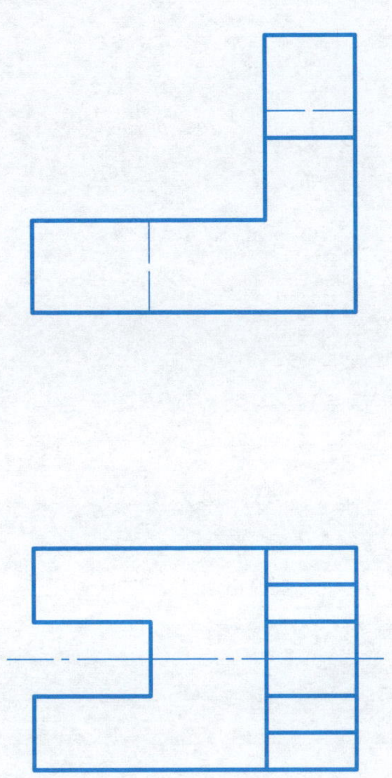

2.

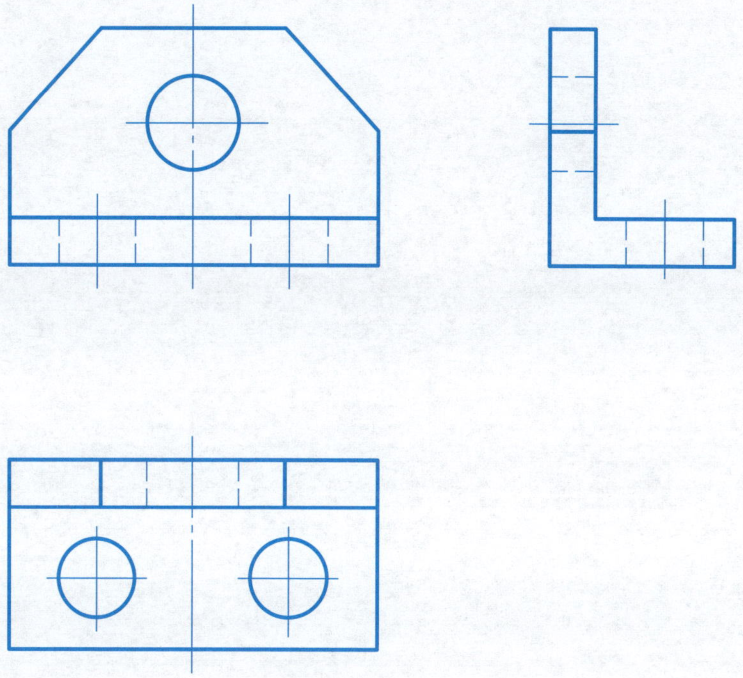

班级：＿＿＿＿＿ 姓名：＿＿＿＿＿ 学号：＿＿＿＿＿ 成绩：＿＿＿＿＿

2-3-10 标注组合体的尺寸，尺寸数值按1:1从图中量取整数（二）

1.

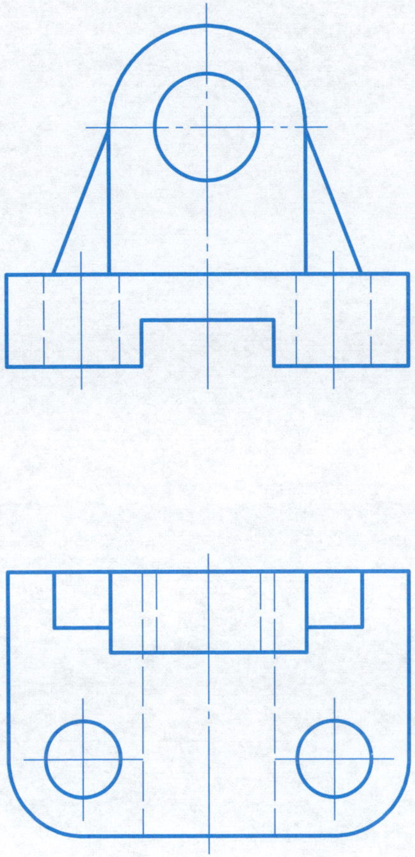

2.

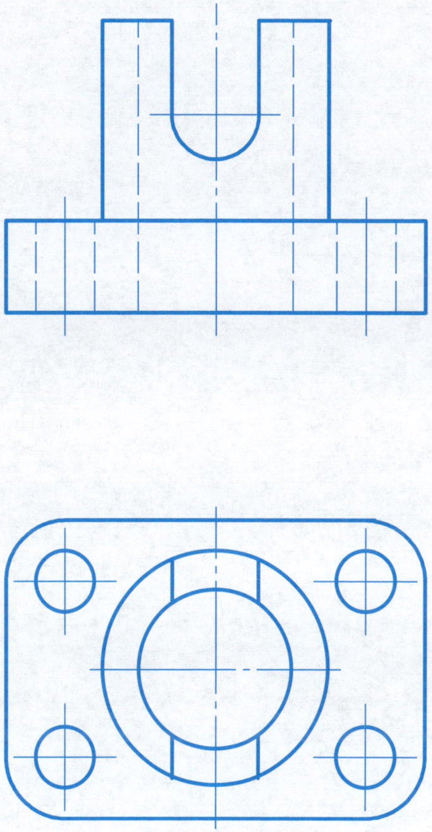

3.

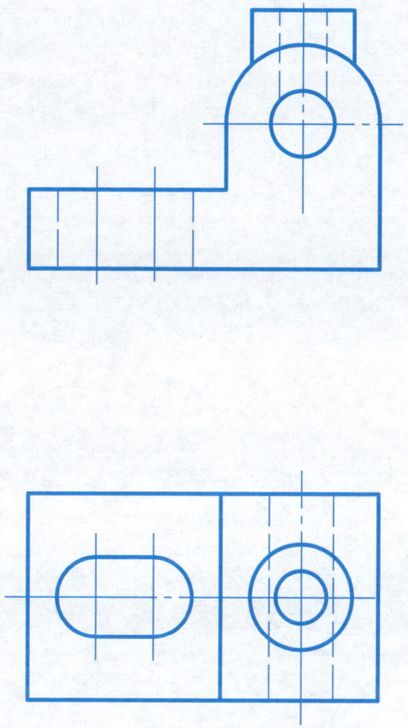

班级：________ 姓名：________ 学号：________ 成绩：________

2-3-11 根据两视图补画第三视图（一）

1.

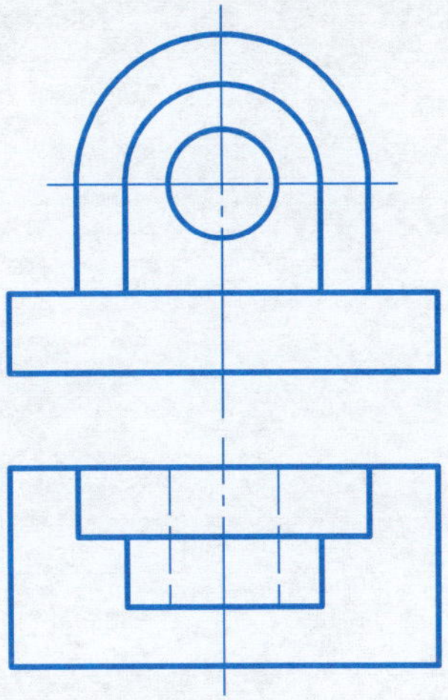

2.

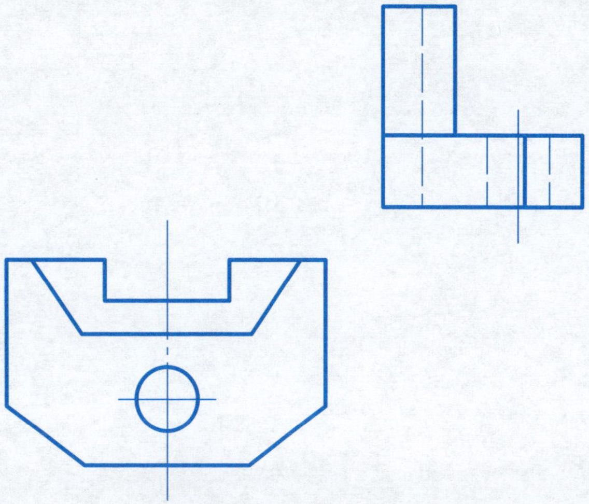

3.

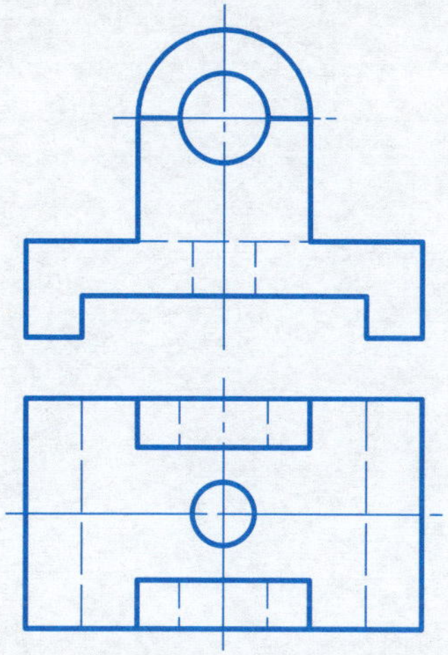

4.

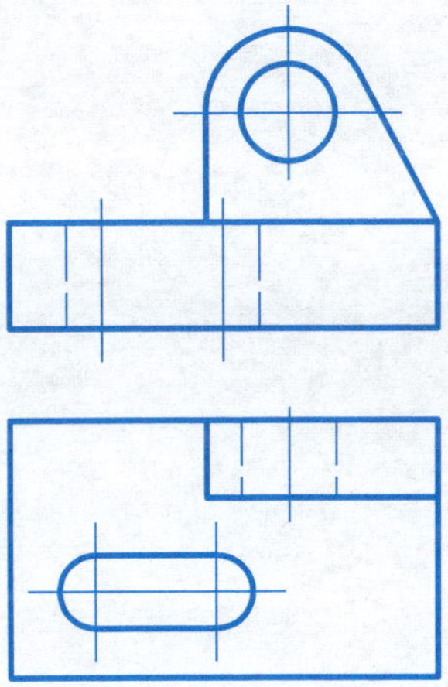

5.

6.

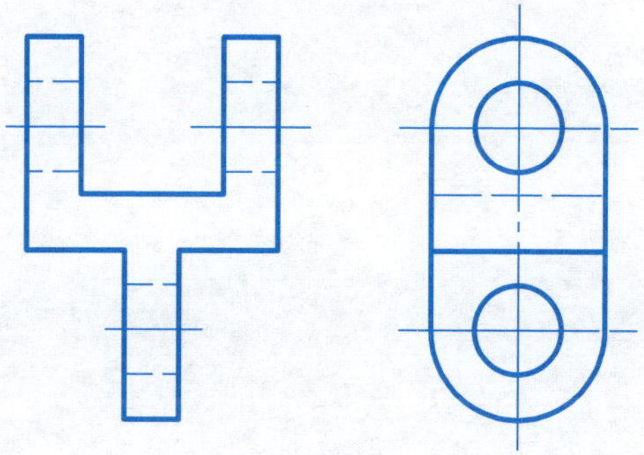

班级：________ 姓名：________ 学号：________ 成绩：________

2-3-11 根据两视图补画第三视图（二）

1.

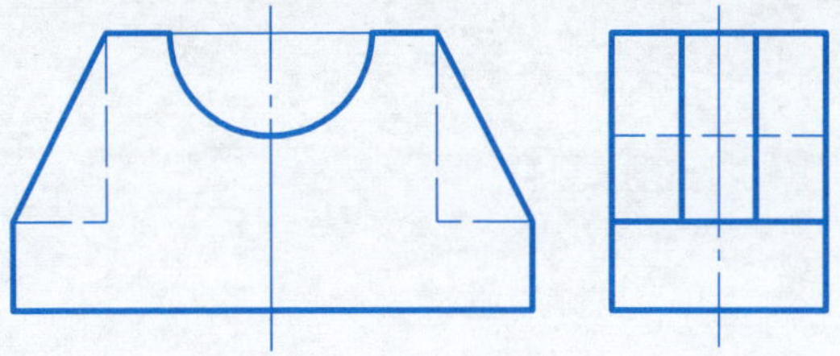

2.

3.

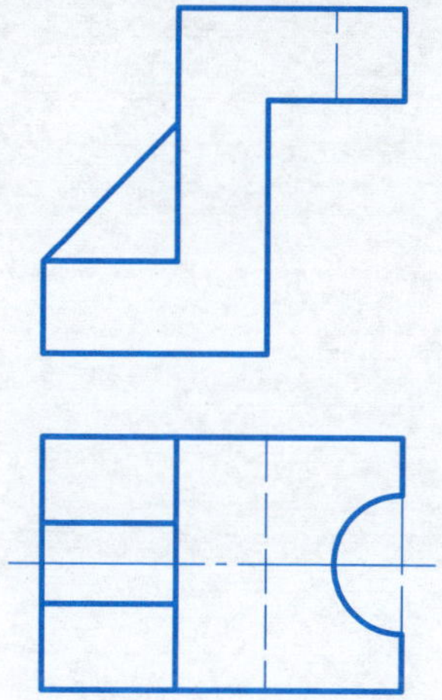

4.

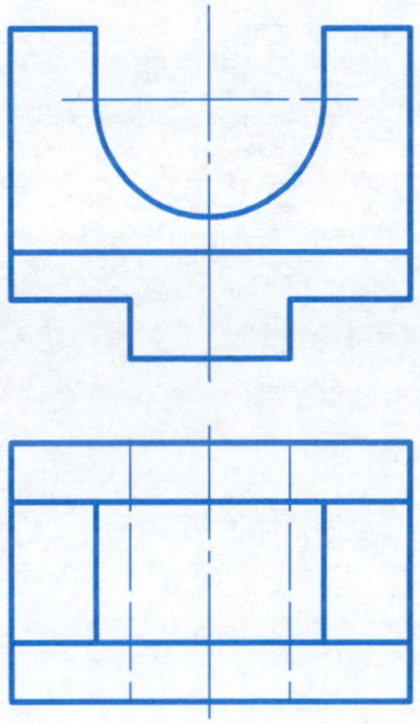

5.

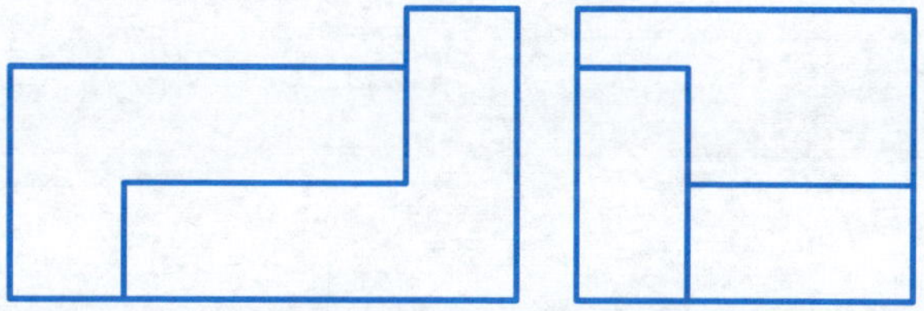

6.

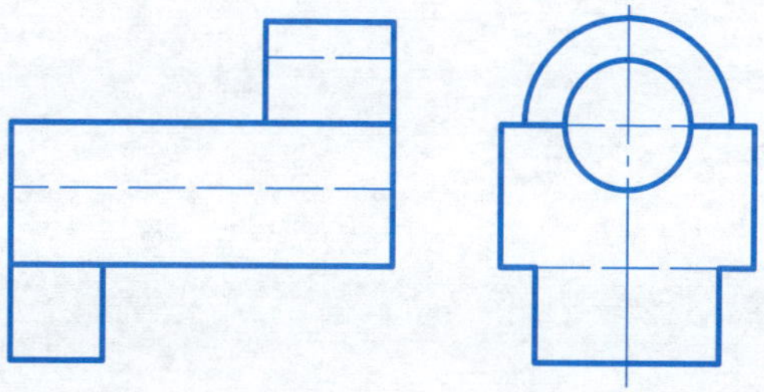

2-3-12 补画三视图中的漏线（一）

1.

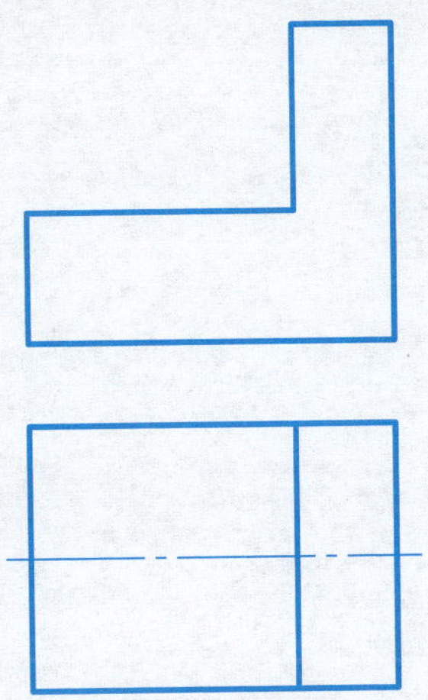

2.

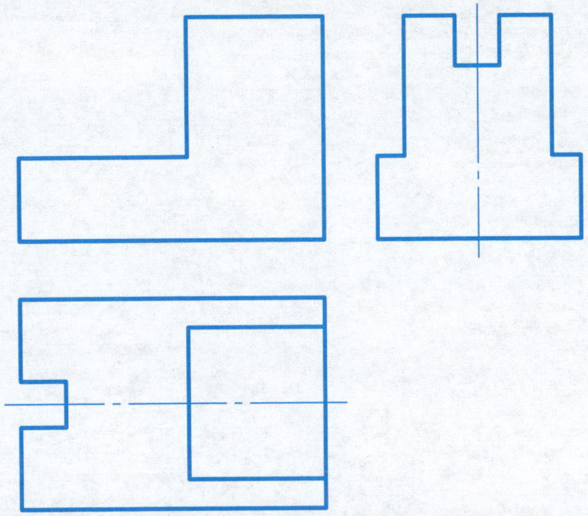

3.

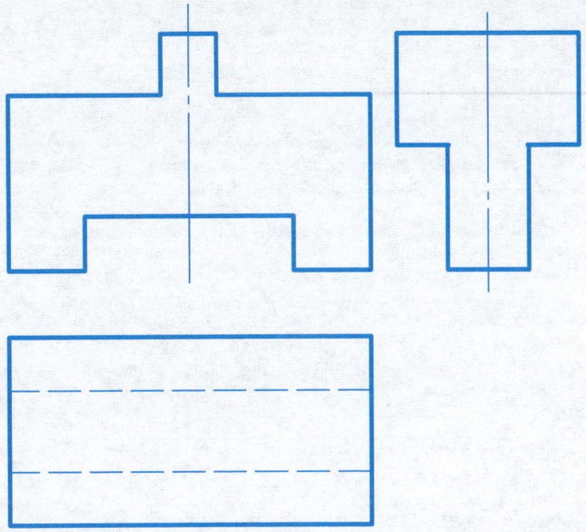

4.

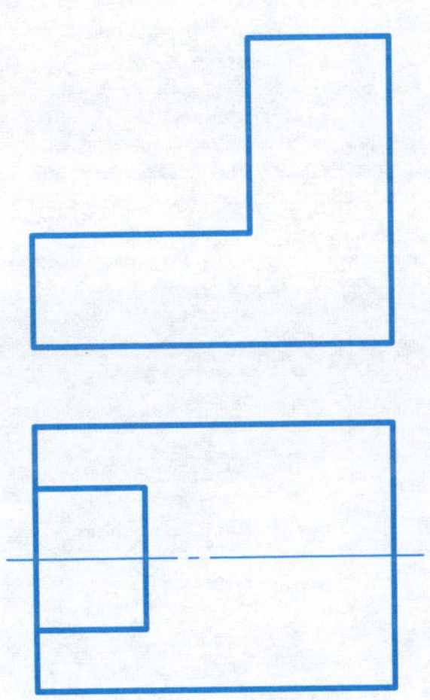

5.

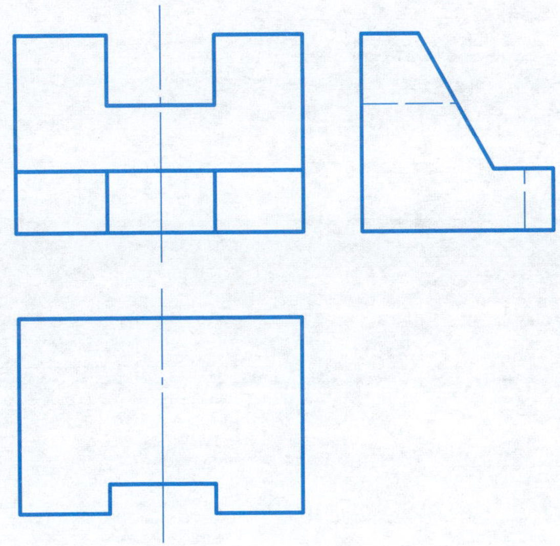

6.

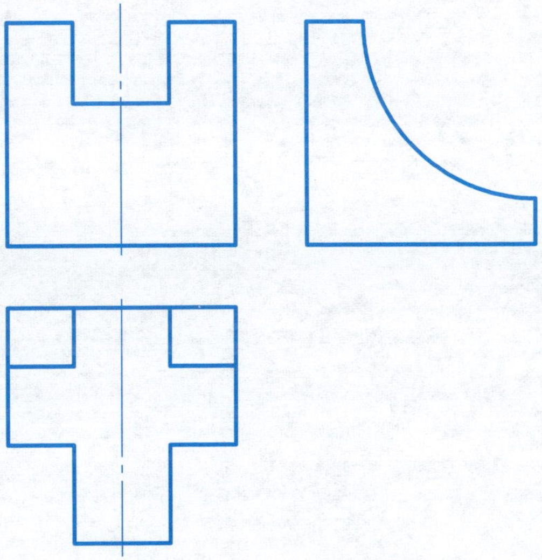

班级：________ 姓名：________ 学号：________ 成绩：________

2-3-12 补画三视图中的漏线（二）

1.

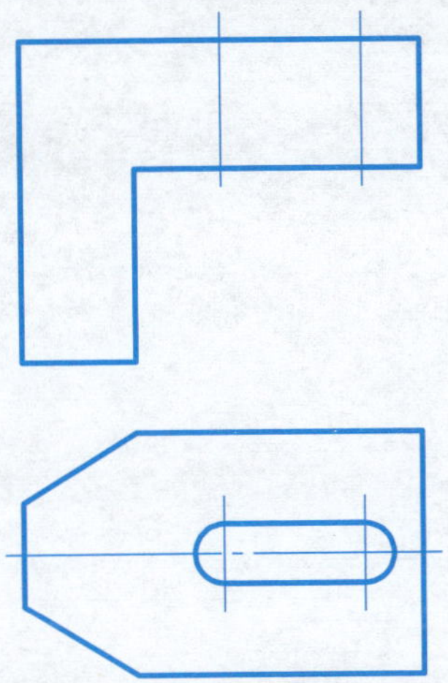

2.

3.

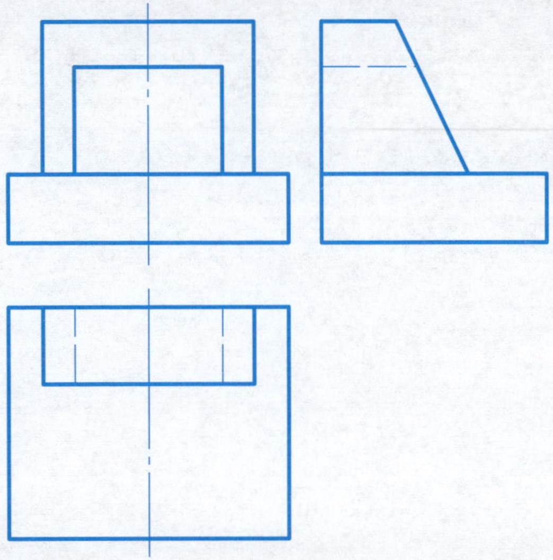

4.

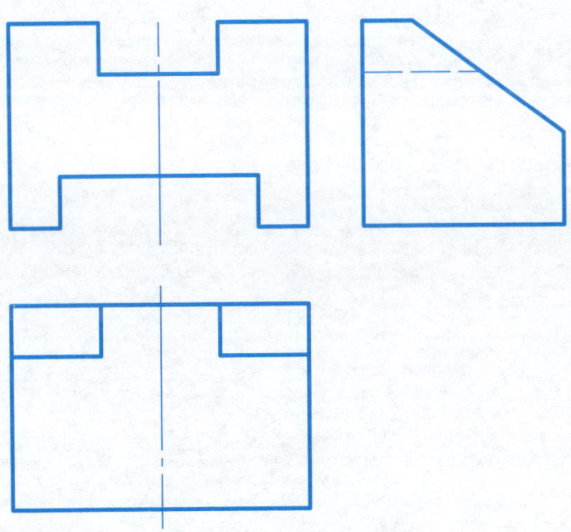

5.

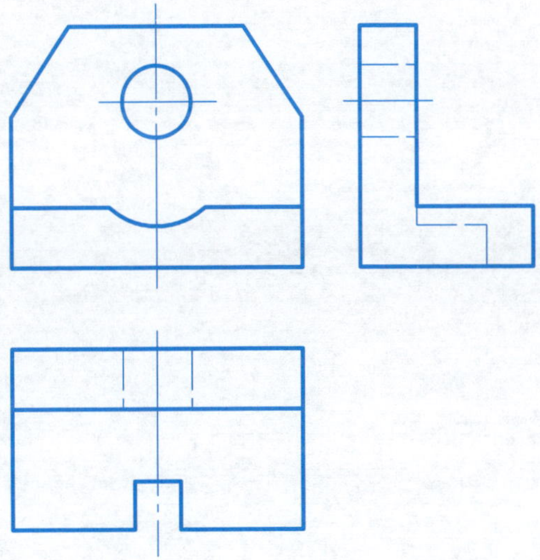

6.

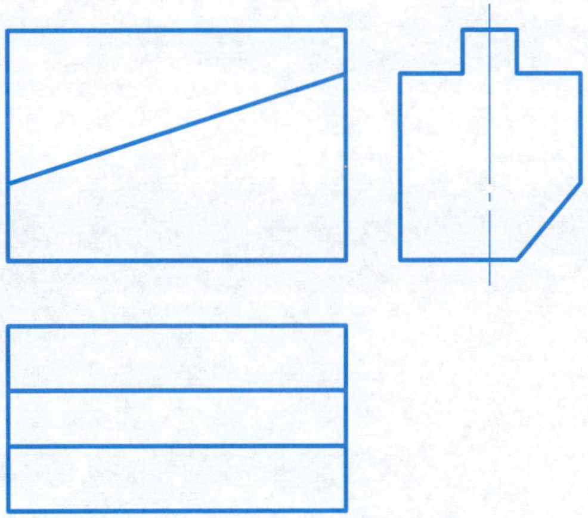

班级：________ 姓名：________ 学号：________ 成绩：________

2-3-13 根据两视图补画第三视图

1.

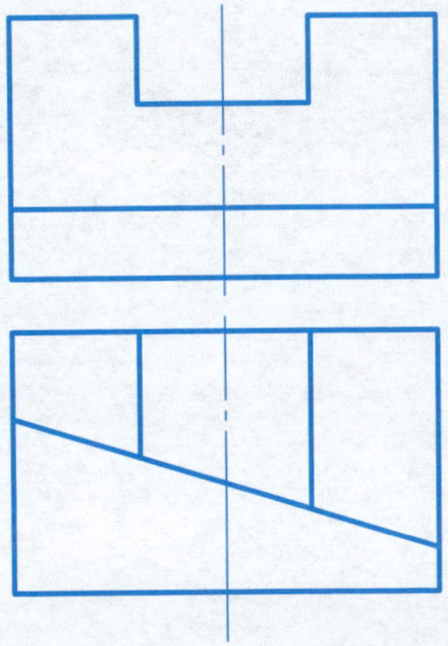

2.

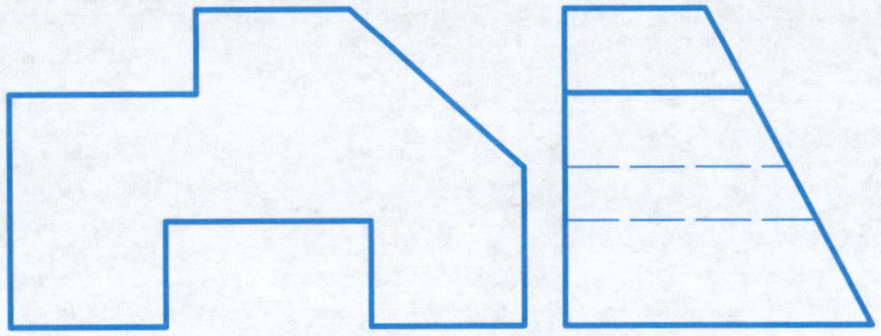

3.

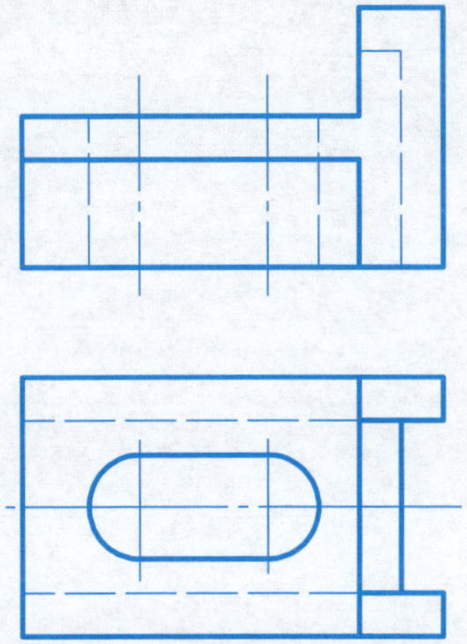

4.

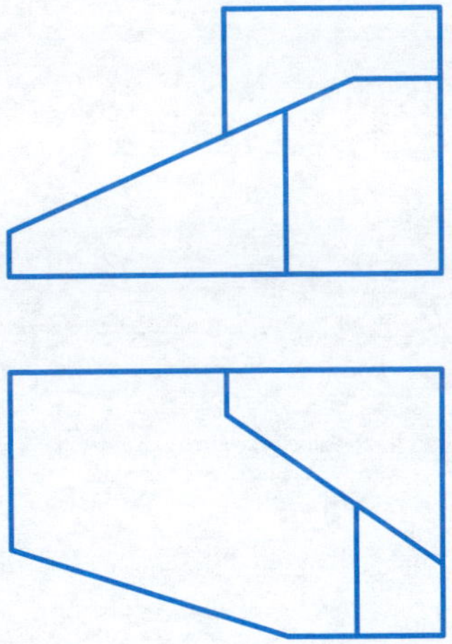

5.

6.

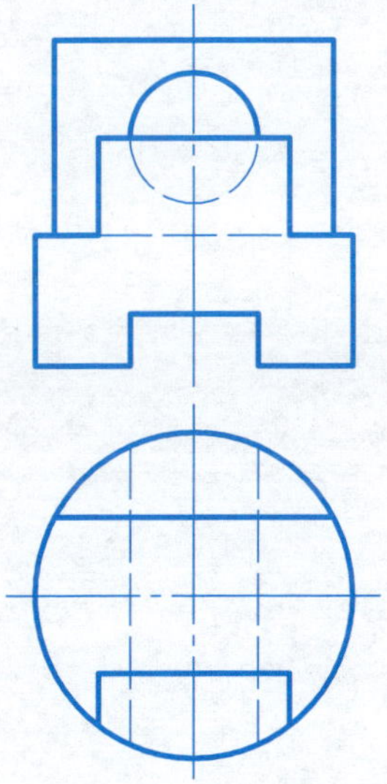

班级：________ 姓名：________ 学号：________ 成绩：________

2-3-14　已知两视图，找出正确的第三视图

1.

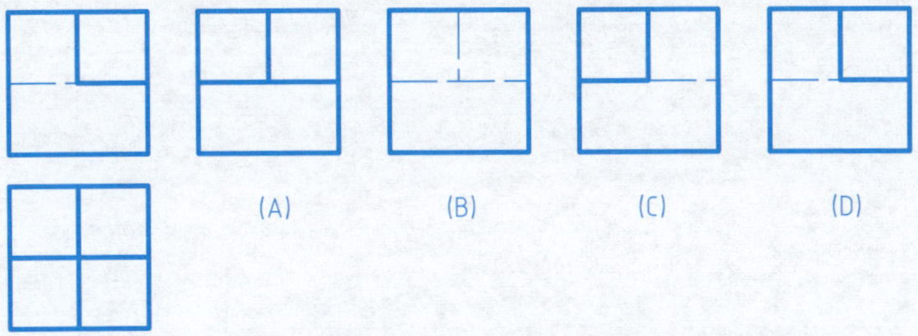

2.

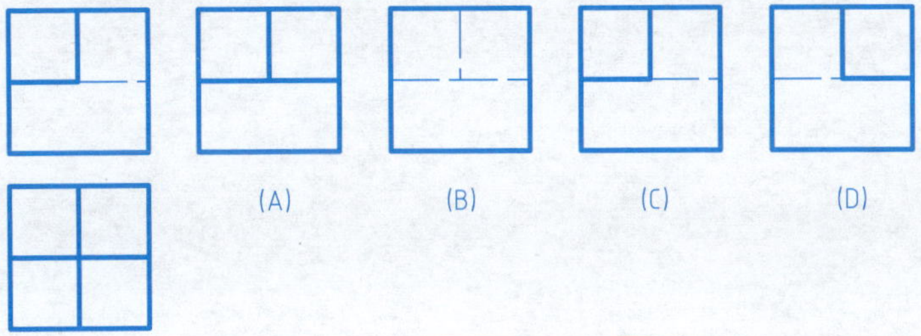

3.

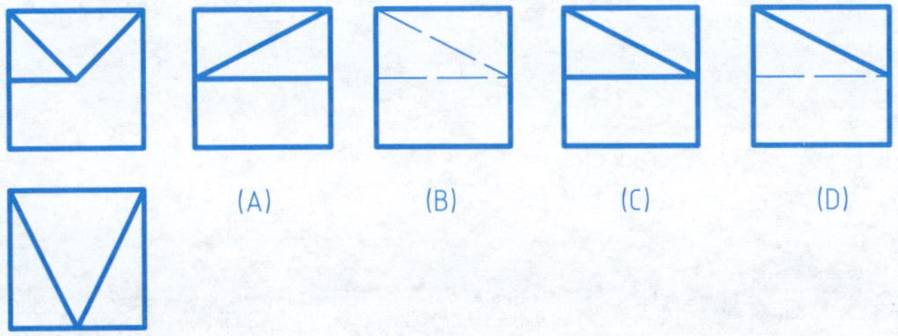

4.

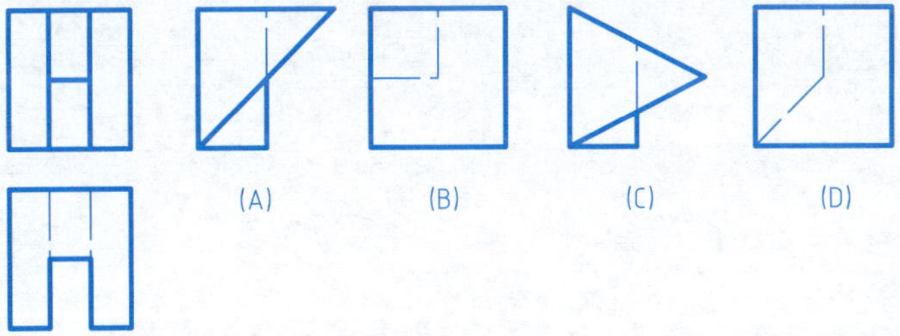

5.

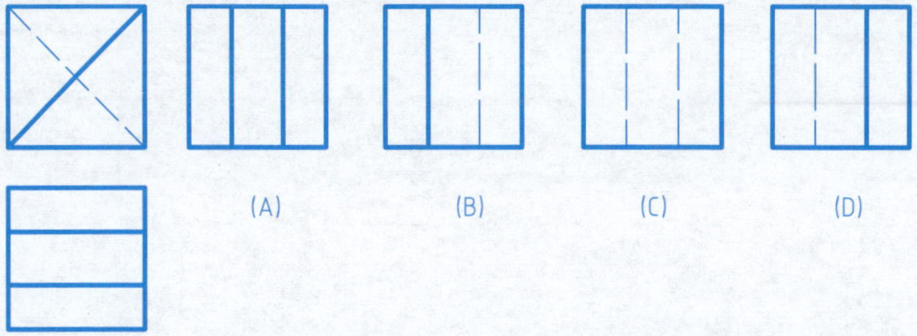

6.

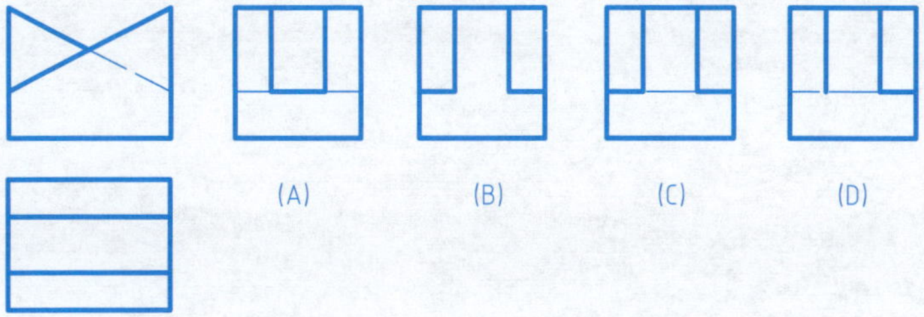

7.

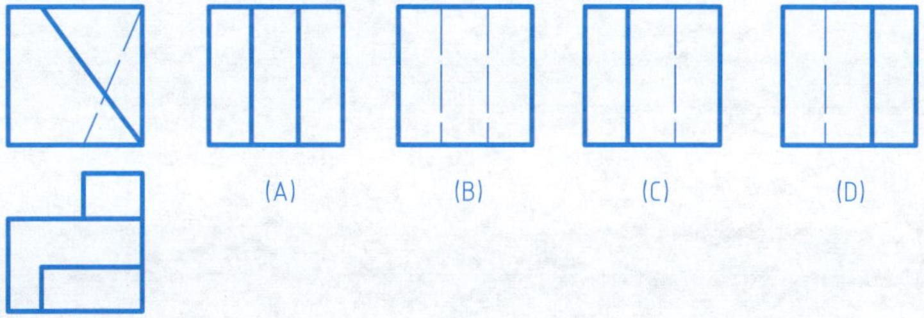

8.

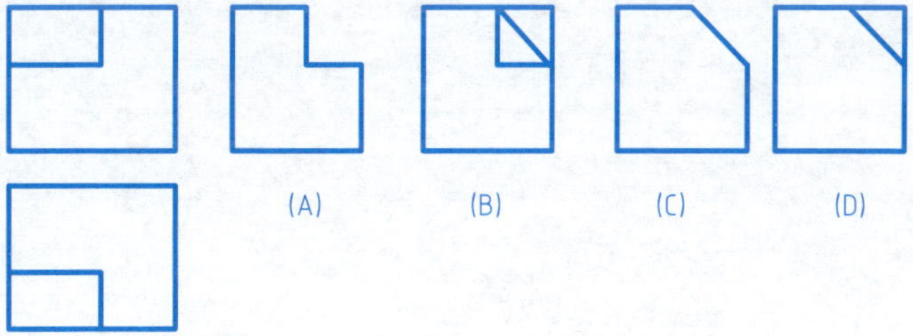

班级：＿＿＿＿＿　姓名：＿＿＿＿＿　学号：＿＿＿＿＿　成绩：＿＿＿＿＿

2-3-15 组合体的三视图自测题：补画第三视图或补画三视图中的漏线

1.

2.

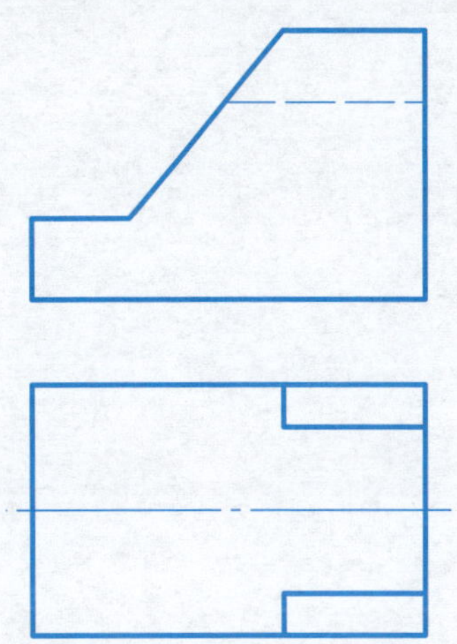

3.

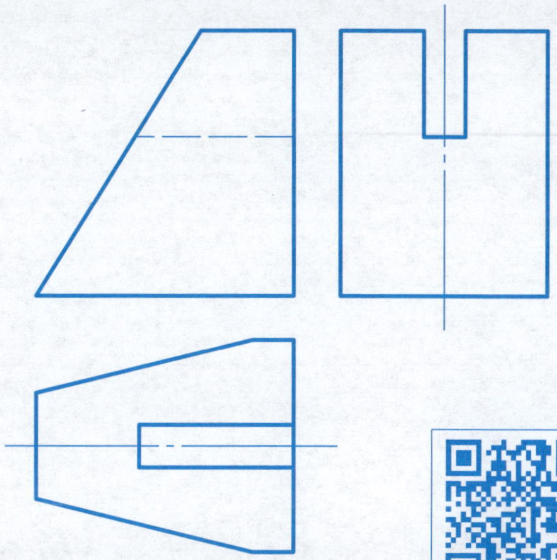

4.

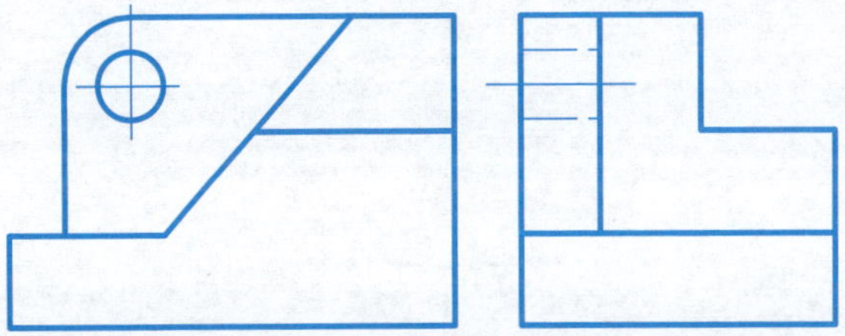

5.

6.

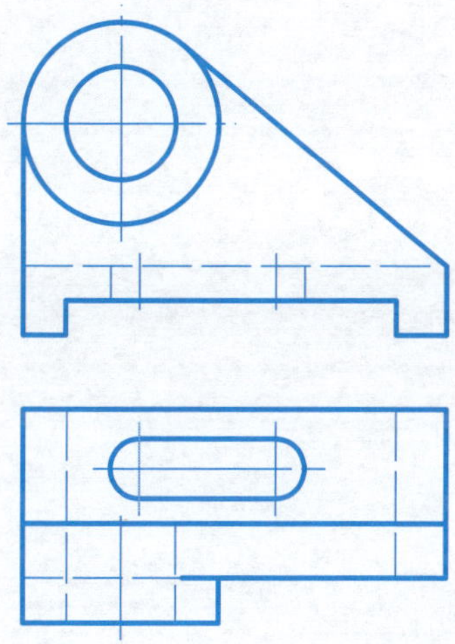

班级：________ 姓名：________ 学号：________ 成绩：________

3-1 视图

3-1-1 视图练习

1. 根据主、俯、左视图，画右、仰、后视图。

2. 画出A、B处的局部视图。

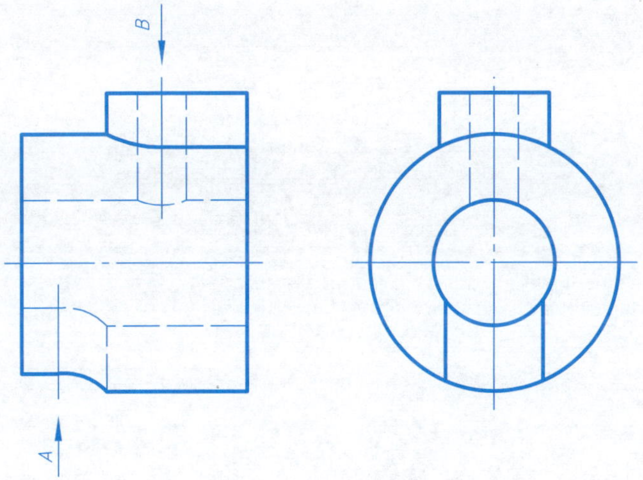

3. 补画斜视图。

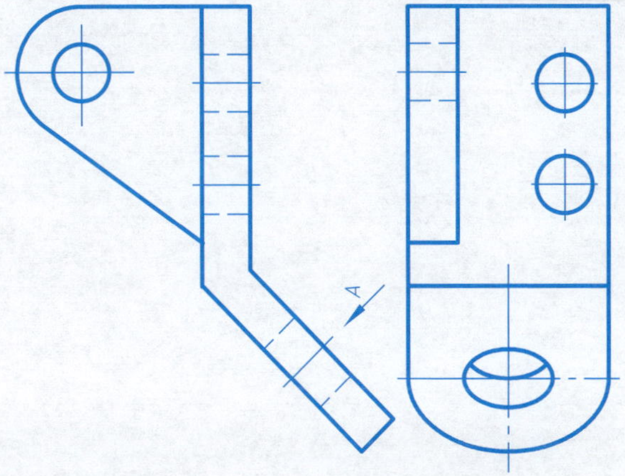

班级：＿＿＿＿＿＿　姓名：＿＿＿＿＿＿　学号：＿＿＿＿＿＿　成绩：＿＿＿＿＿＿

3-2-1 剖视图的基本概念（一）

1. 按立体图所注尺寸和结构将主视图画为全剖视图。

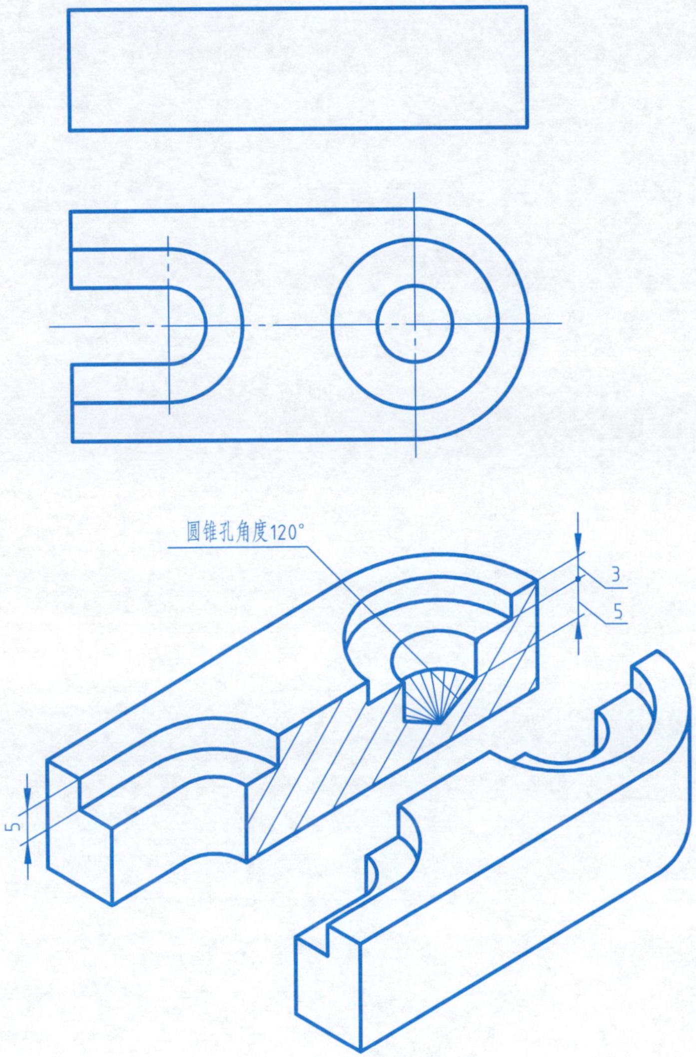

2. 补画下列主视图中的漏线，并画出全剖的左视图。

(1)

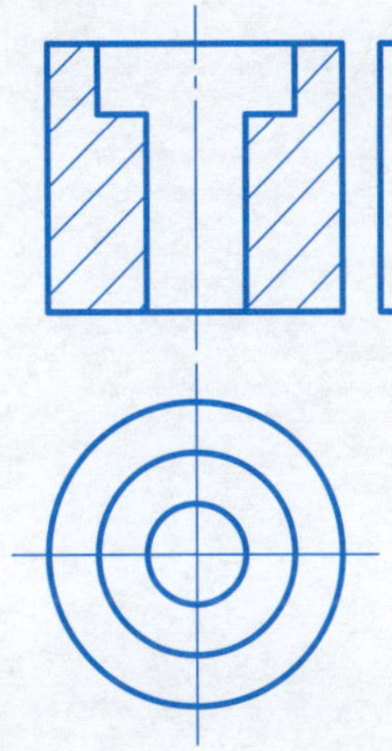

(2)

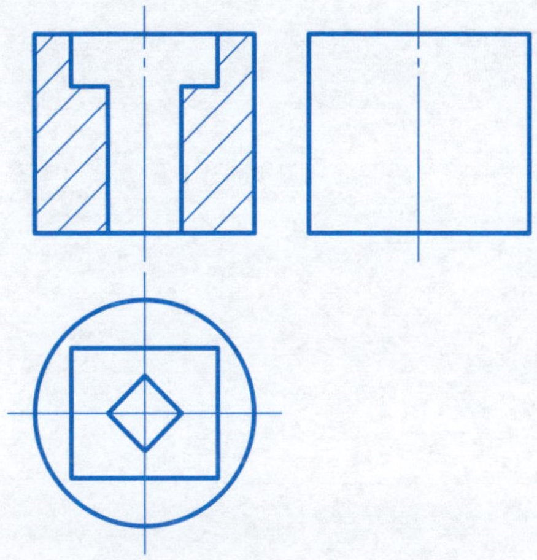

(3)

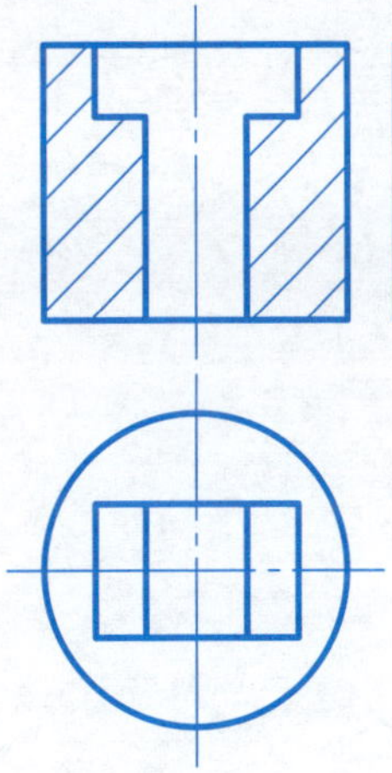

(4)

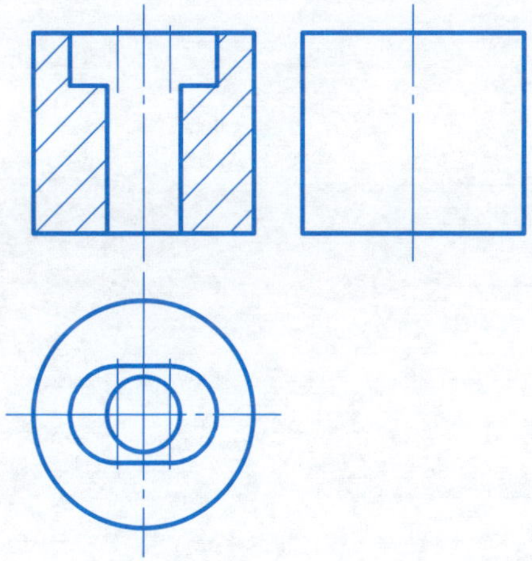

3-2-1 剖面图的基本概念（二）：在指定位置改画主视图为全剖视图，并画出全剖的左视图。

1.

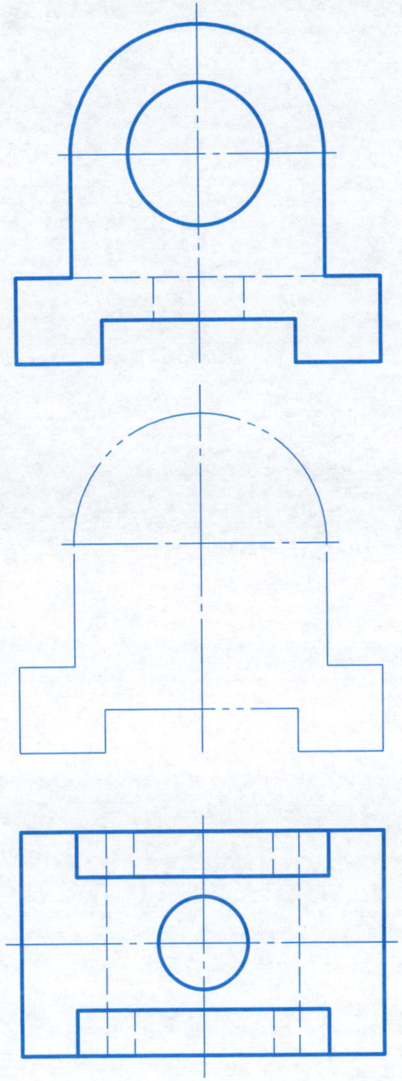

2.

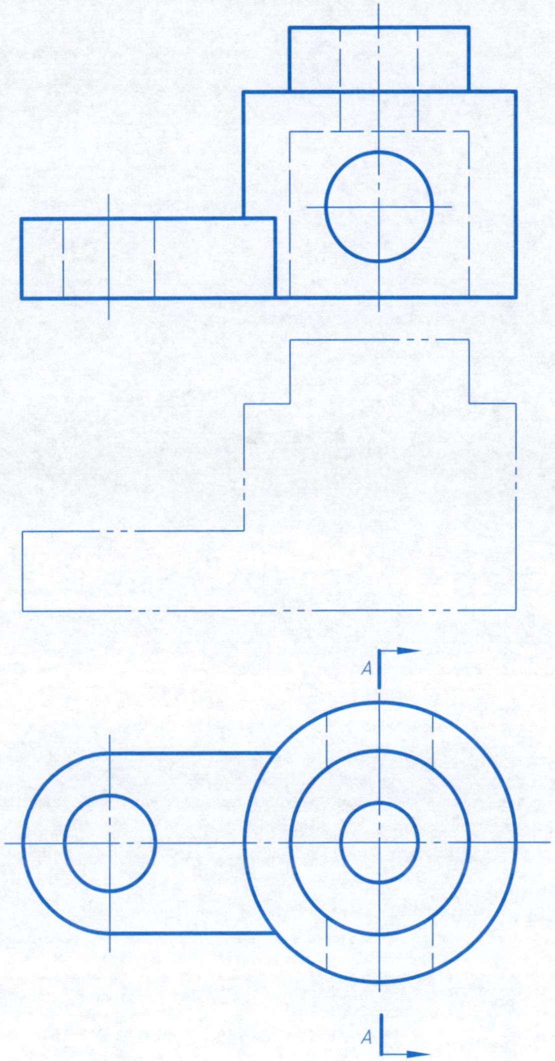

A—A

班级：________ 姓名：________ 学号：________ 成绩：________

3-2-2 剖切面的种类

1. 用相交的剖切平面将主视图改画为剖视图，并按规定标注。

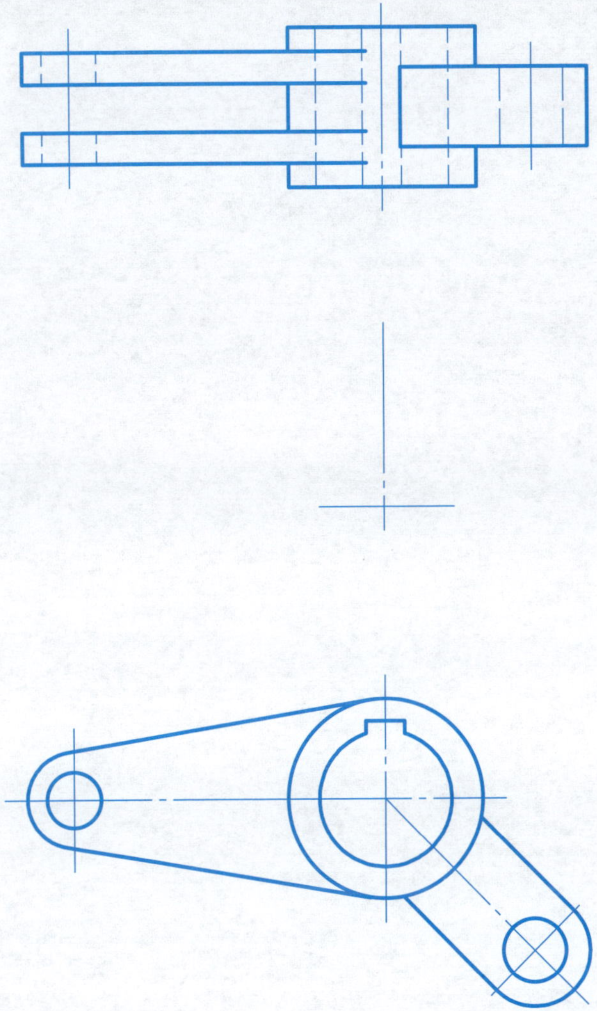

2. 用平行的剖切平面将主视图改画为剖视图，并按规定标注。

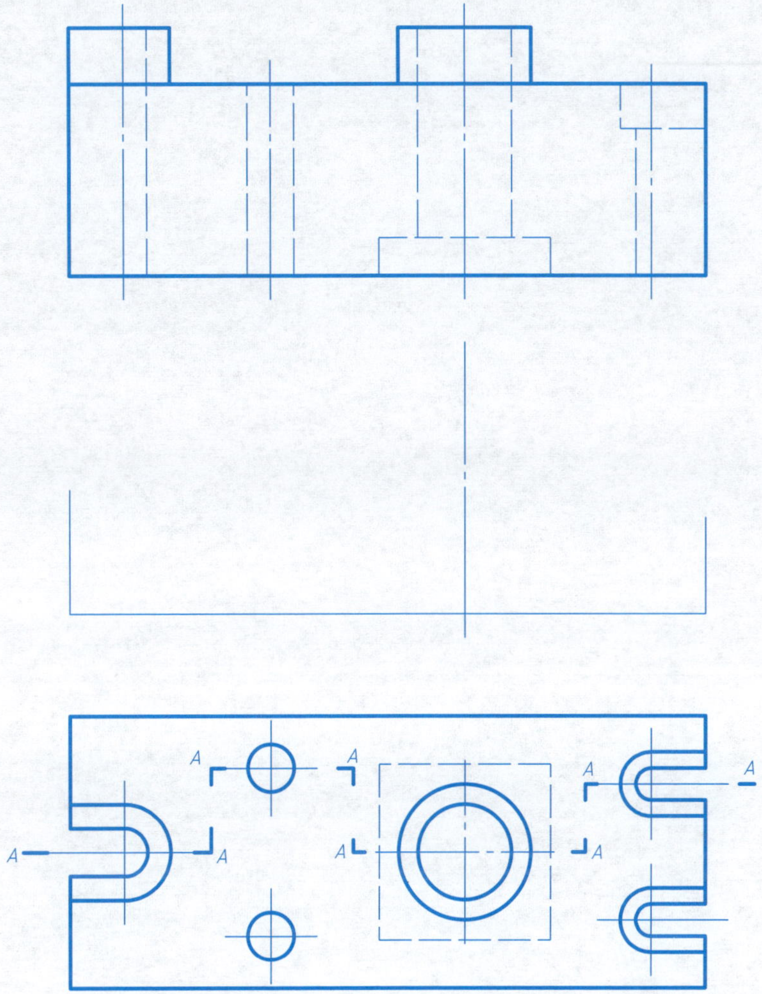

班级：________ 姓名：________ 学号：________ 成绩：________

1. 改画主视图为半剖视图，并画出全剖的左视图。

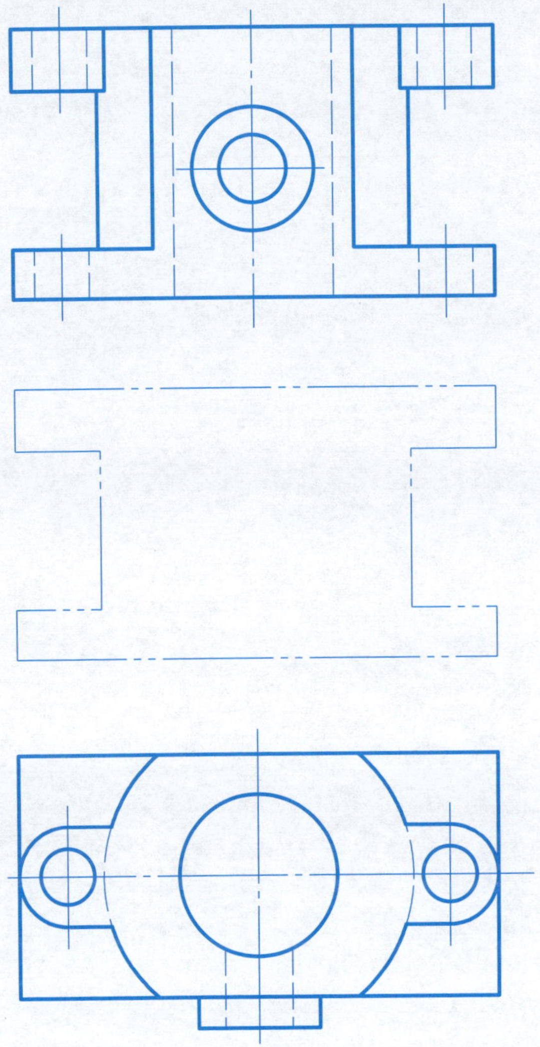

2. 改画主视图为全剖视图，并画出半剖的左视图。

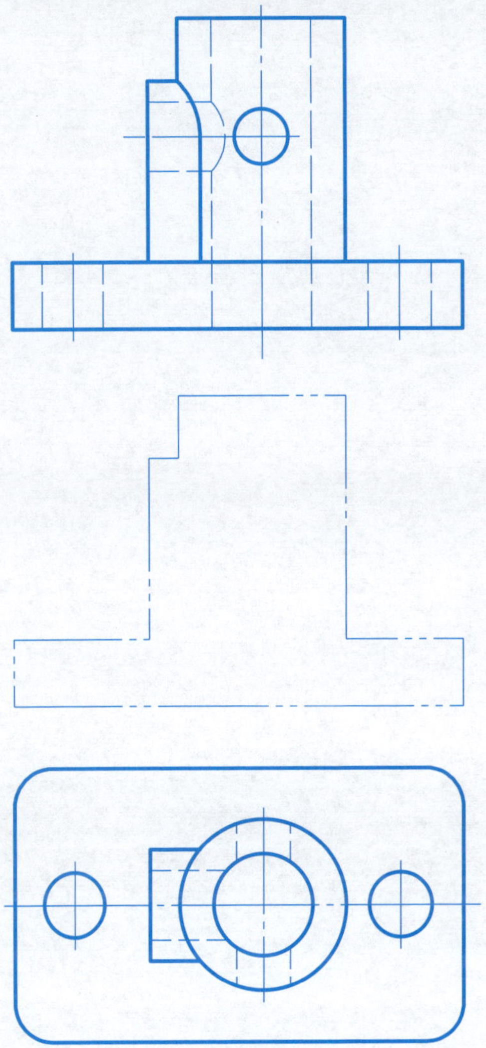

1. 改画主视图为半剖视图和局部视图，并画出全剖的左视图。

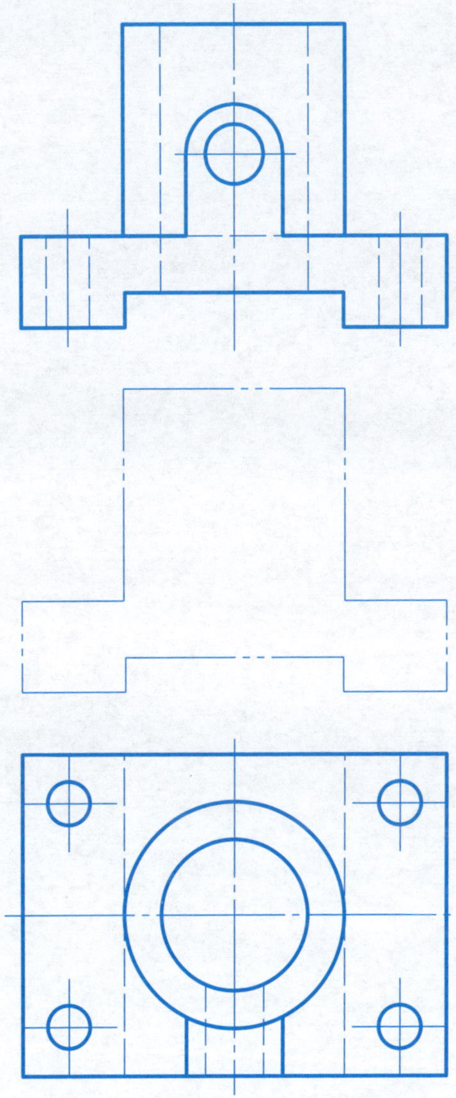

2. 改画主视图为半剖视图，并画出全剖的左视图。

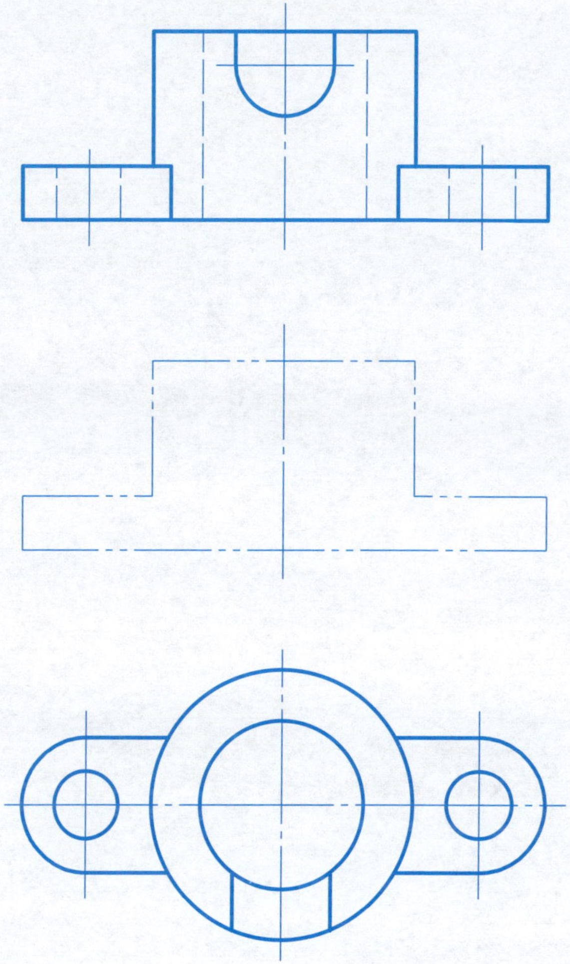

班级：________ 姓名：________ 学号：________ 成绩：________

3-2-3 剖视图的种类（三）：在指定位置改画主视图为半剖视图，并画出全剖的左视图

1.

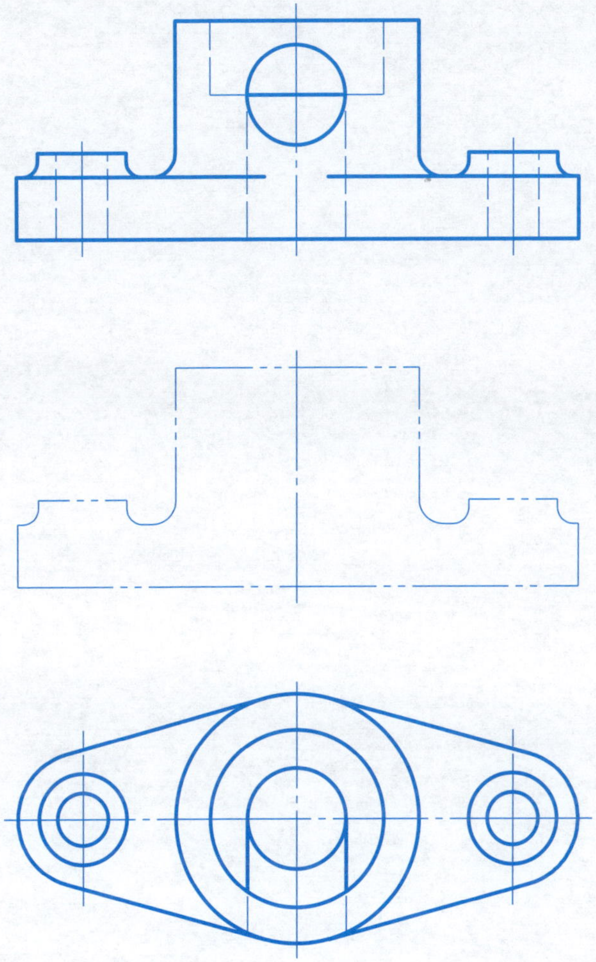

2.

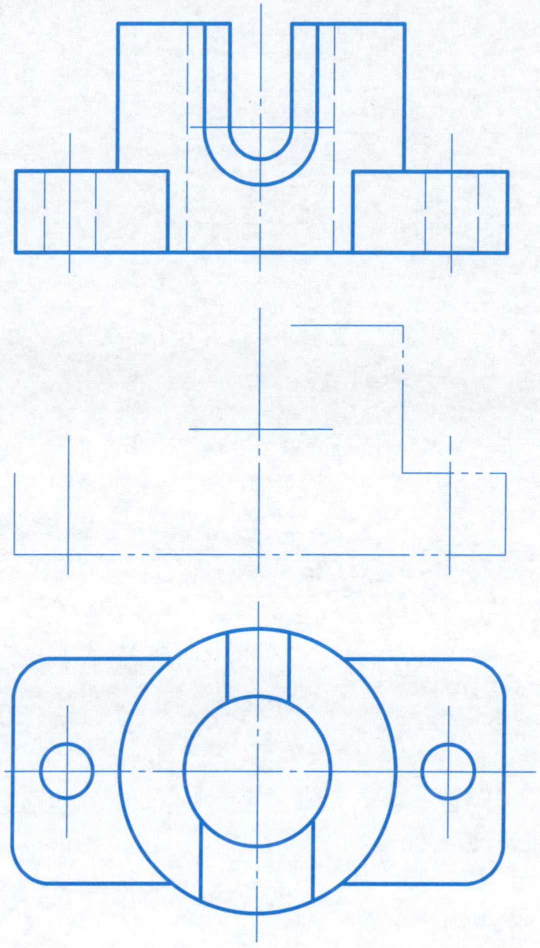

班级：＿＿＿＿＿＿ 姓名：＿＿＿＿＿＿ 学号：＿＿＿＿＿＿ 成绩：＿＿＿＿＿＿

3-3-1 断面图练习：找出正确的断面图（在正确的断面图处打“√”）

1.

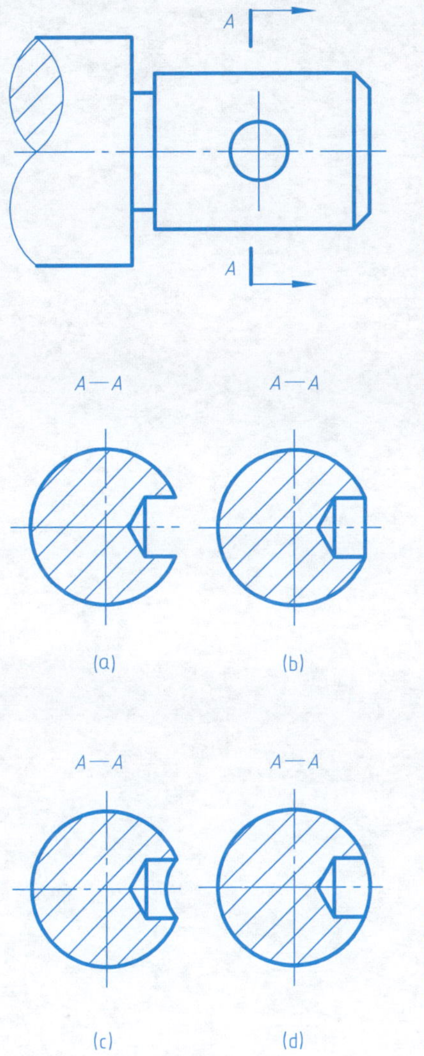

2.

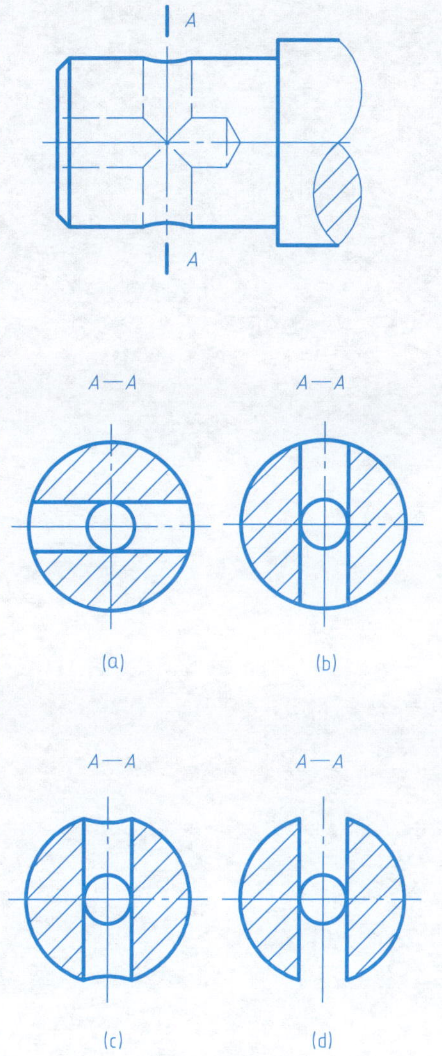

3.

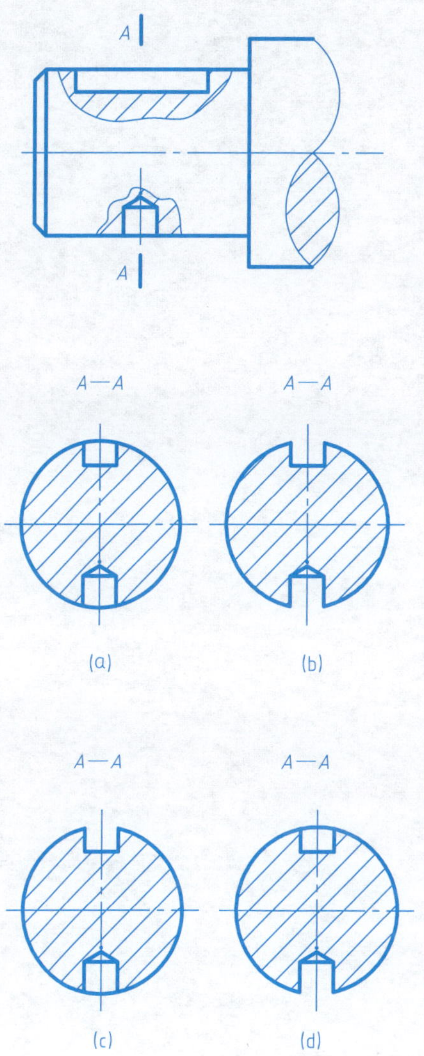

4.

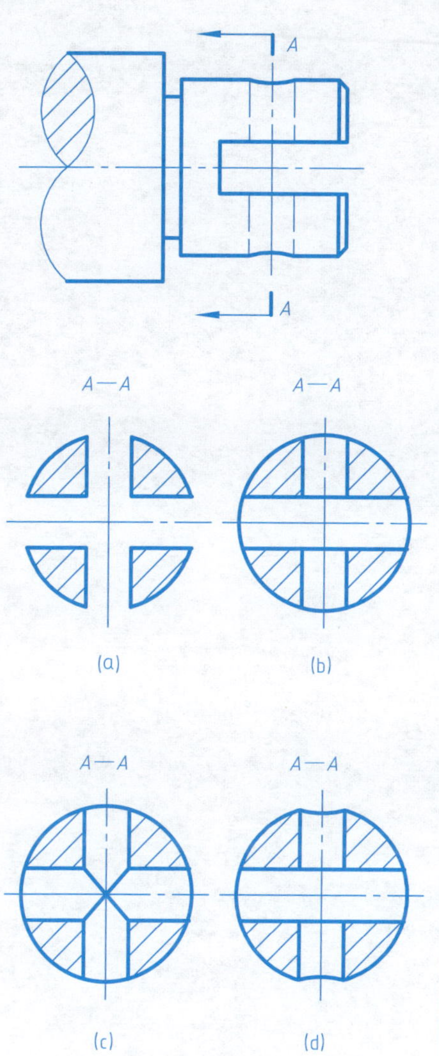

班级：________ 姓名：________ 学号：________ 成绩：________

3-3-2 断面图和局部放大图练习

1. 在指定位置处作移出断面图，并画出2∶1局部放大图（原比例1∶1）。

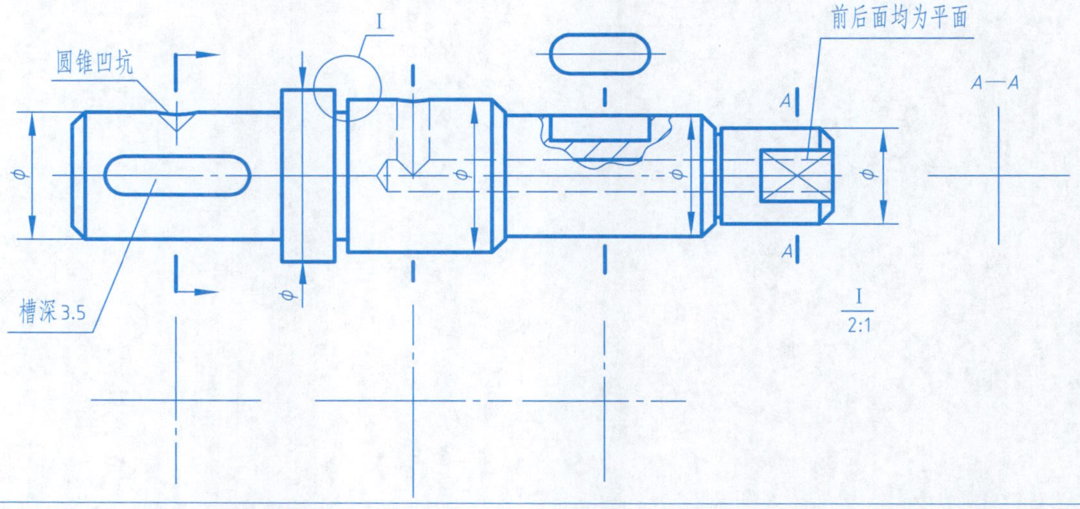

2. 在指定位置处作轴的移出断面图。

(1)

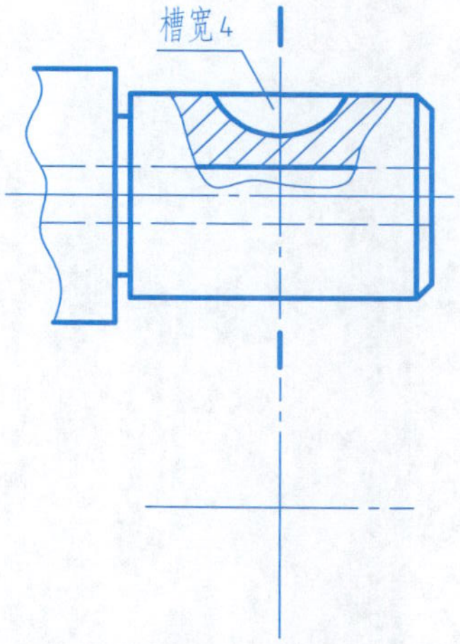

(2)

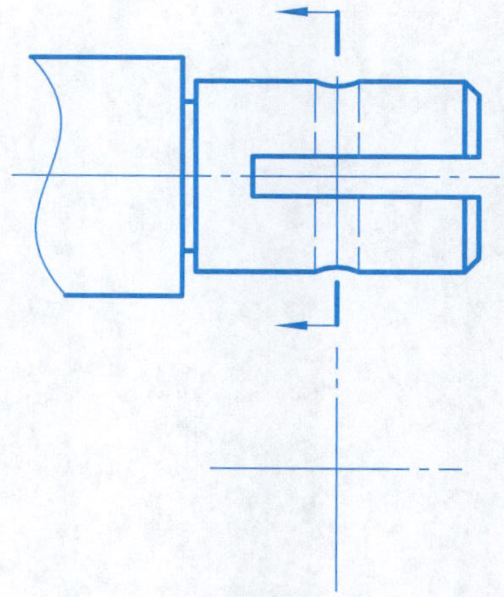

(3)

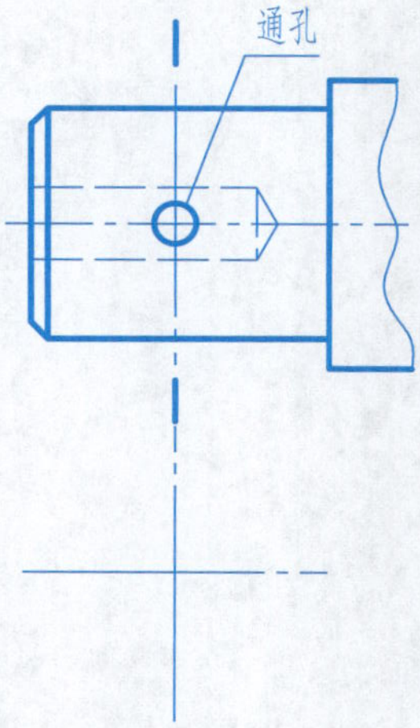

3. 做出A-A、B-B移出断面图。

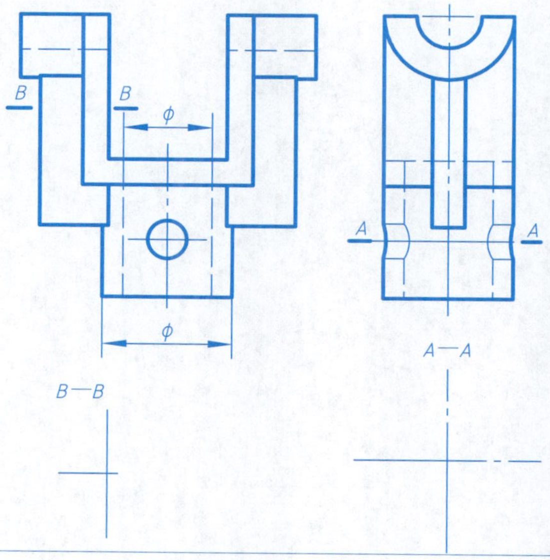

4. 把移出断面图改画成重合断面图。

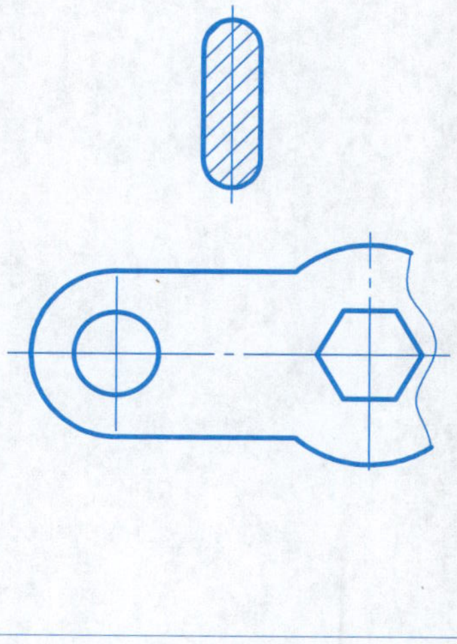

3-4-1 简化画法和断面图练习（一）：改正全剖的主视图和断面图中的错误画法

1.

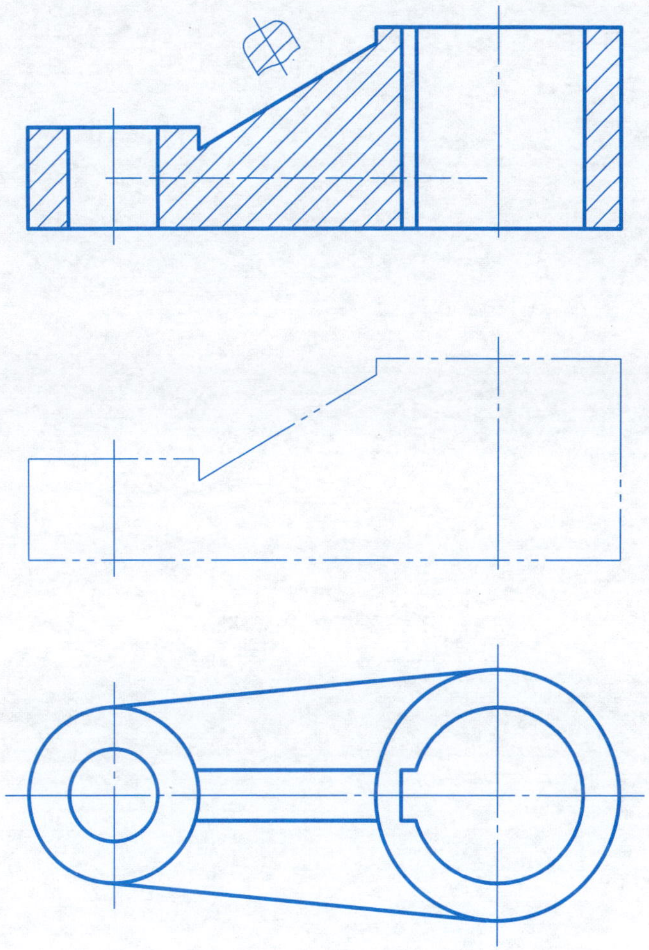

2.

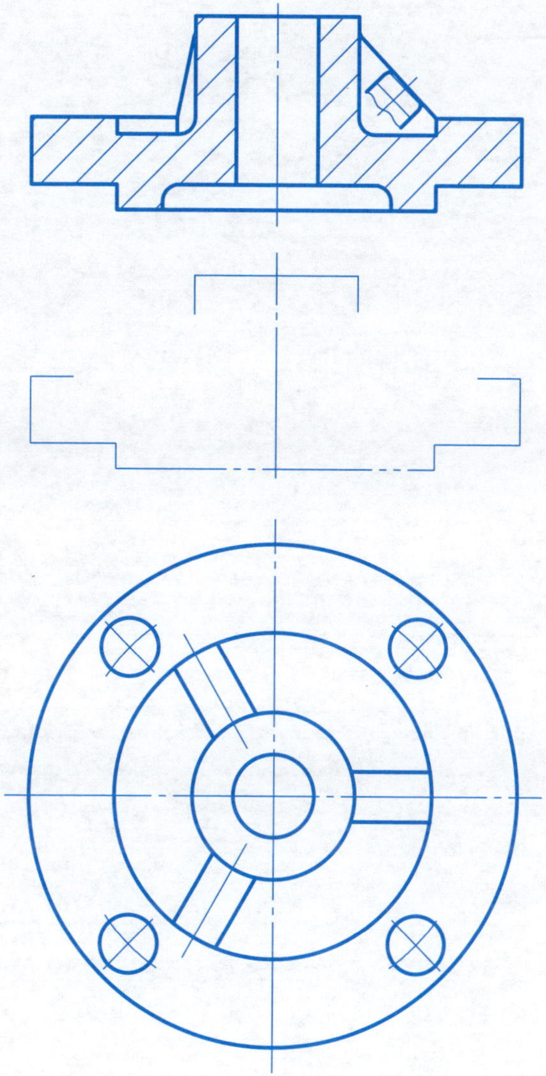

班级：________ 姓名：________ 学号：________ 成绩：________

1. 改画主视图为全剖视图，并画出指定位置的移出断面图。

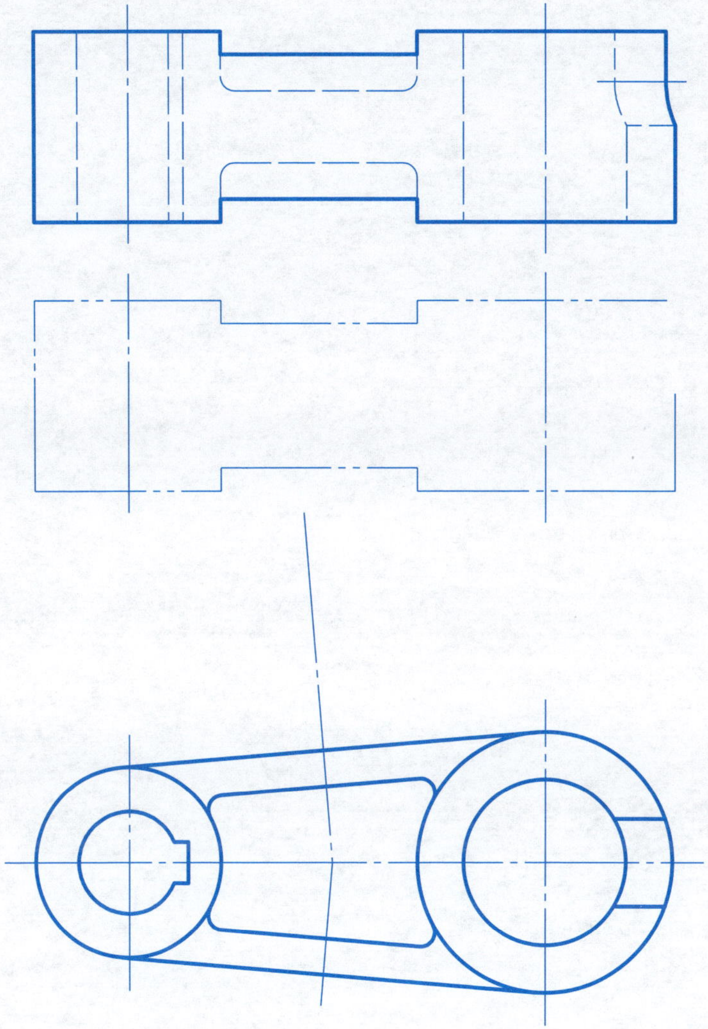

2. 改画主视图为全剖视图，并画出全剖的左视图。

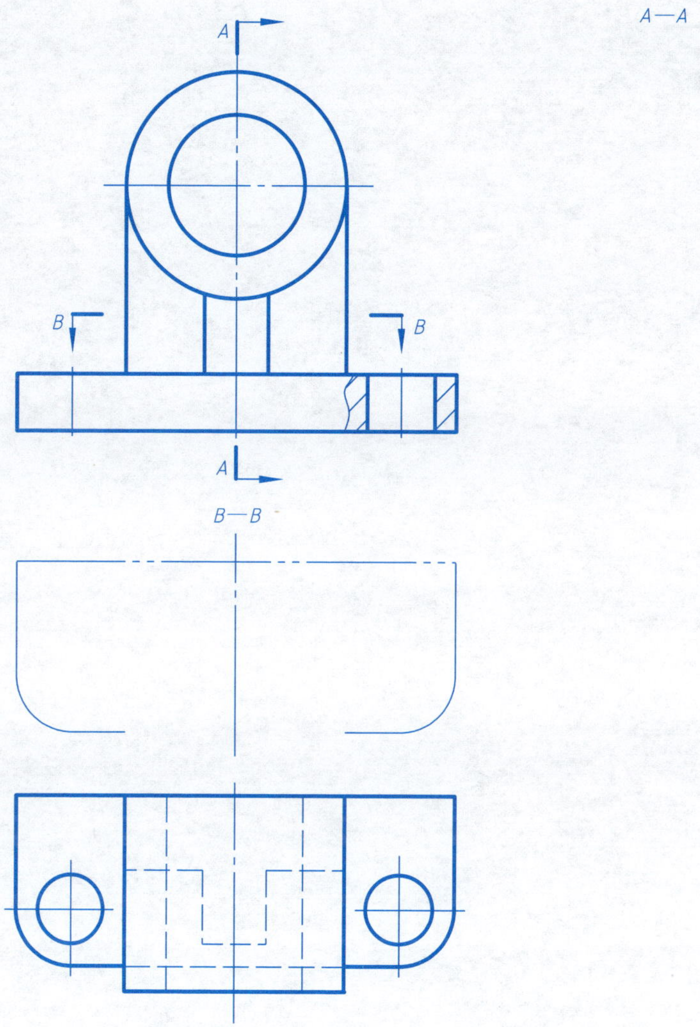

3-4-2 剖视图画法自测题：在指定位置改画主视图为全剖视图，并画出全剖的左视图

1.

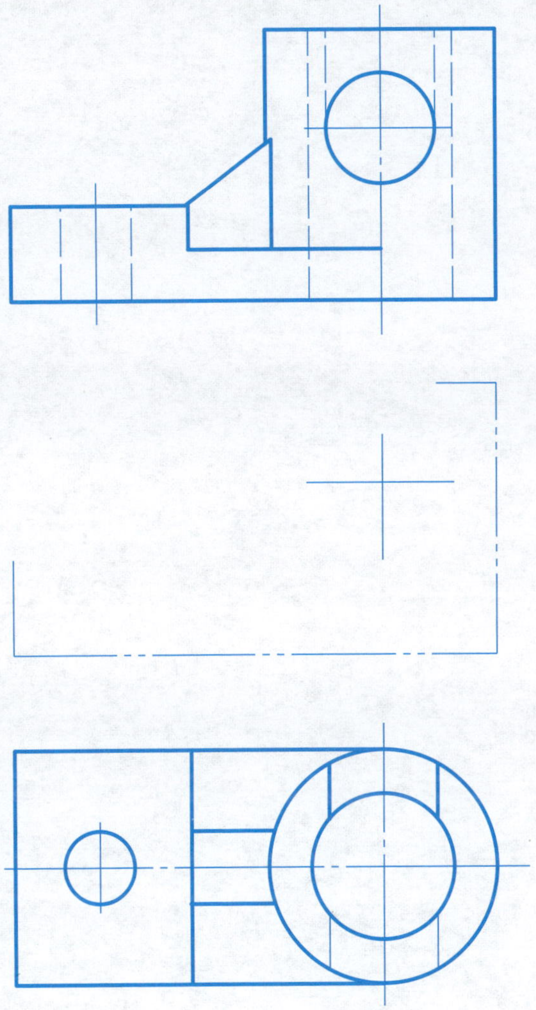

2.

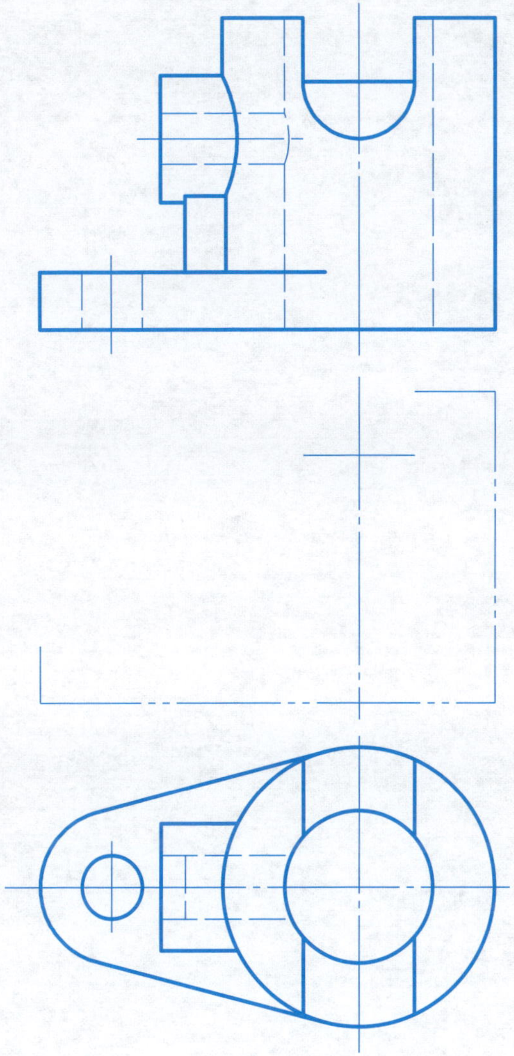

班级：________ 姓名：________ 学号：________ 成绩：________

第四章　机械制图的基本技能

4-1　绘制平面图形

4-1-1　常见几何图形的画法（一）（保留作图痕迹）

1. 按小图要求作斜度和锥度，斜度和锥度均为1:5，并标注。

(1)

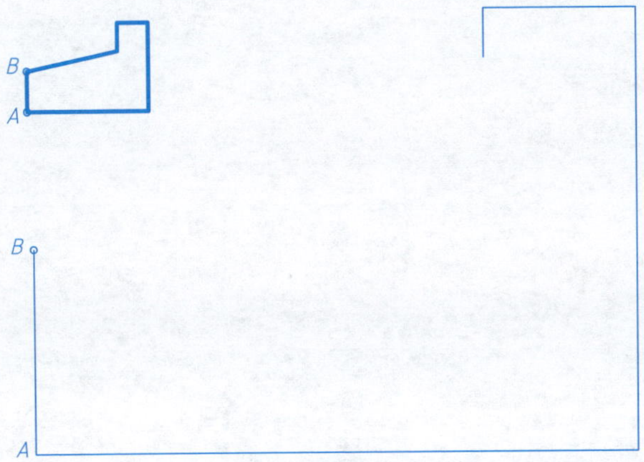

(2)

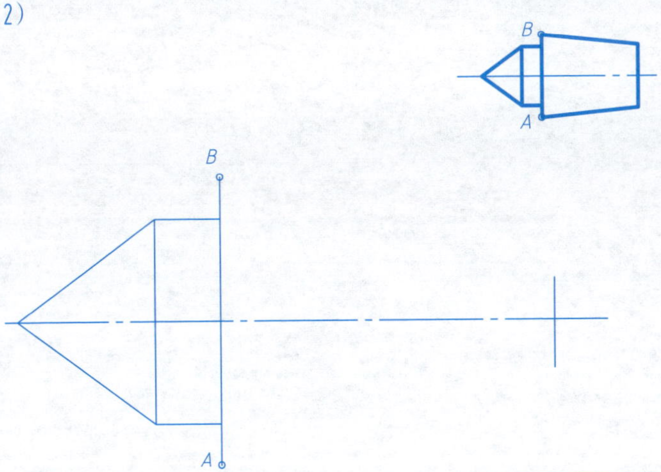

2. 按小图要求作线段连接及作正多边形。

(1)

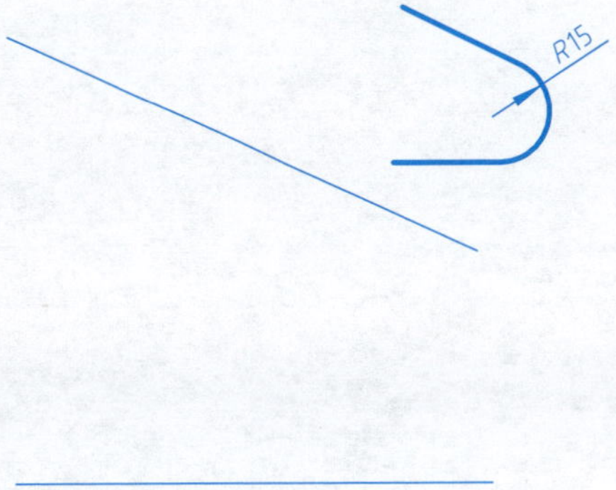

(2)

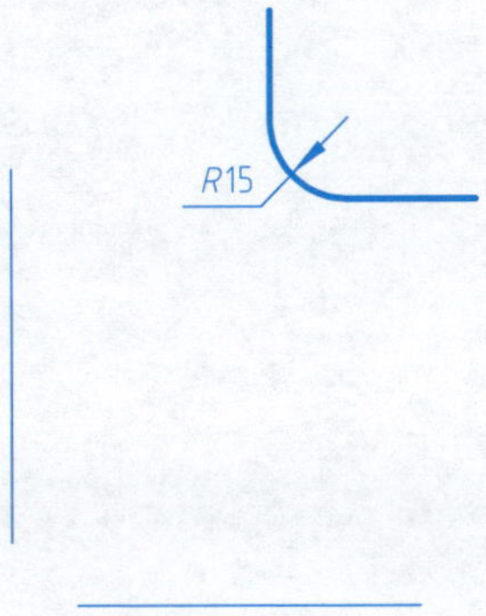

(3)

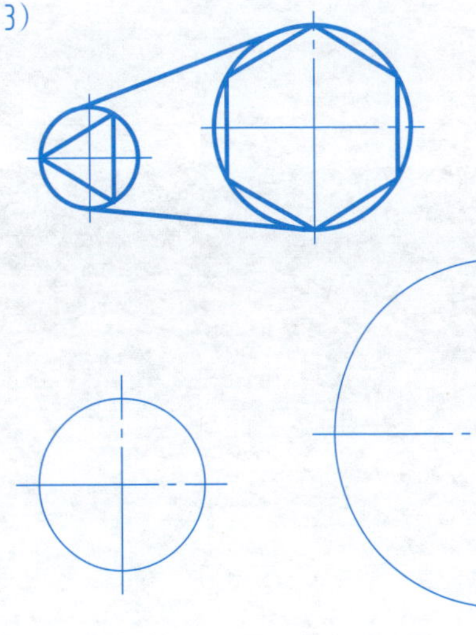

(4)

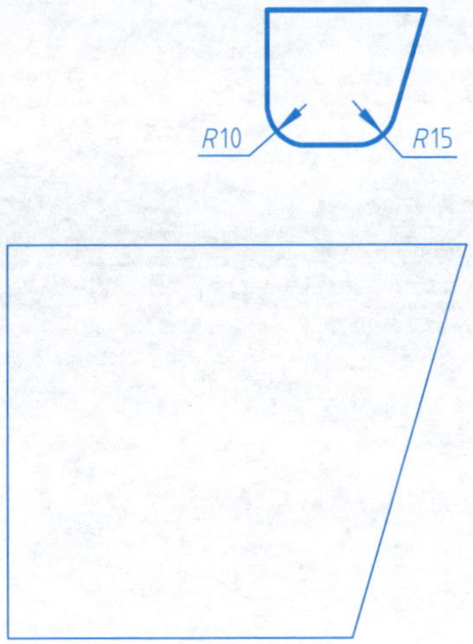

班级：＿＿＿＿　姓名：＿＿＿＿　学号：＿＿＿＿　成绩：＿＿＿＿

4-1-1 常见几何图形的画法（二）（保留作图痕迹）：按小图要求完成图形的线段连接

1.

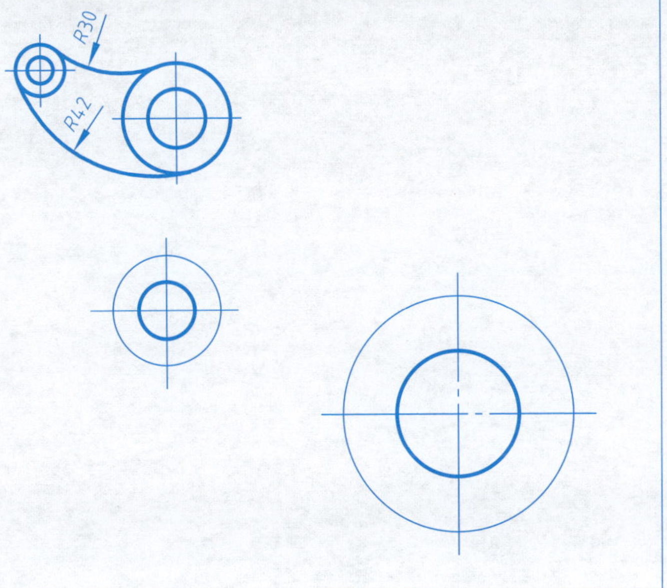

2.

3.

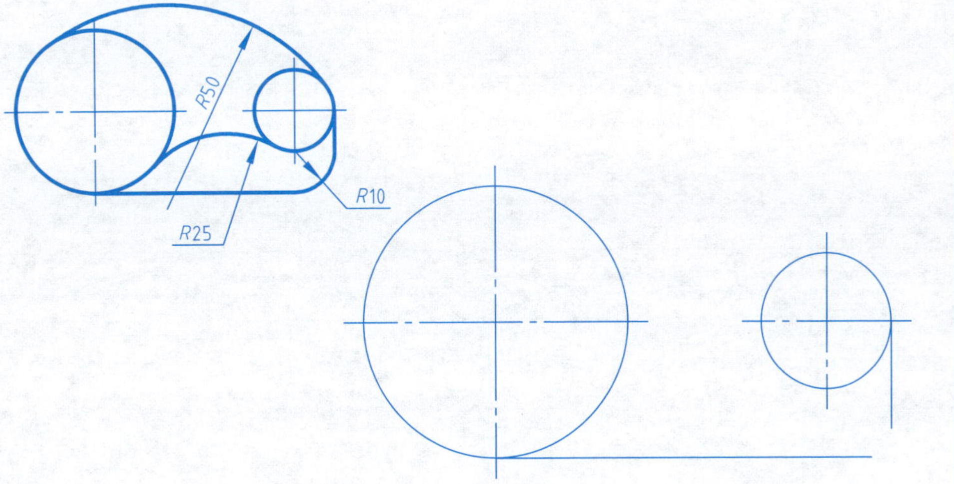

4.

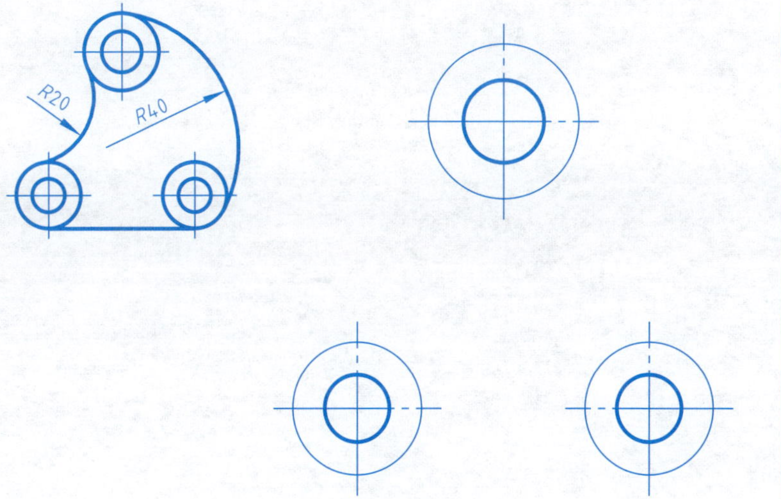

班级：__________ 姓名：__________ 学号：__________ 成绩：__________

4-1-1 常见几何图形的画法（三）（保留作图痕迹）：按小图要求完成图形的线段连接

1.

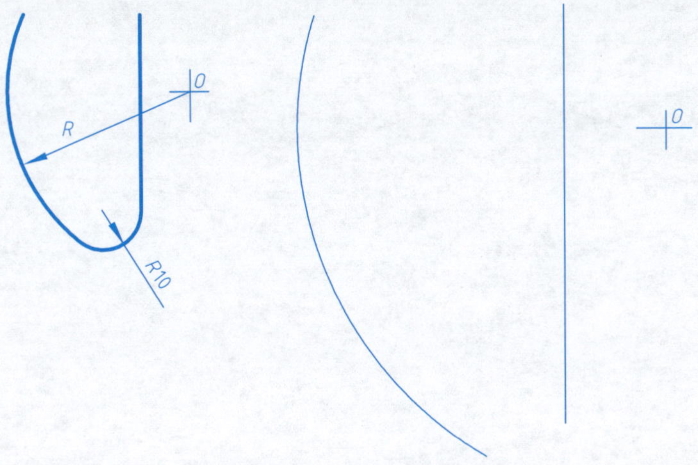

2.

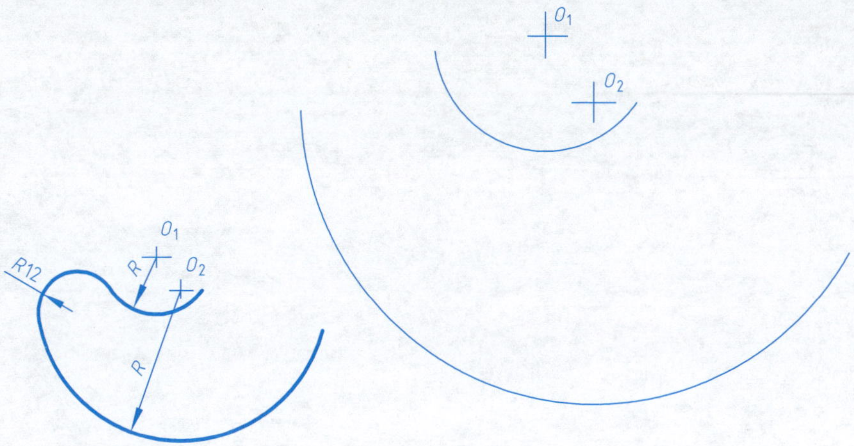

3.

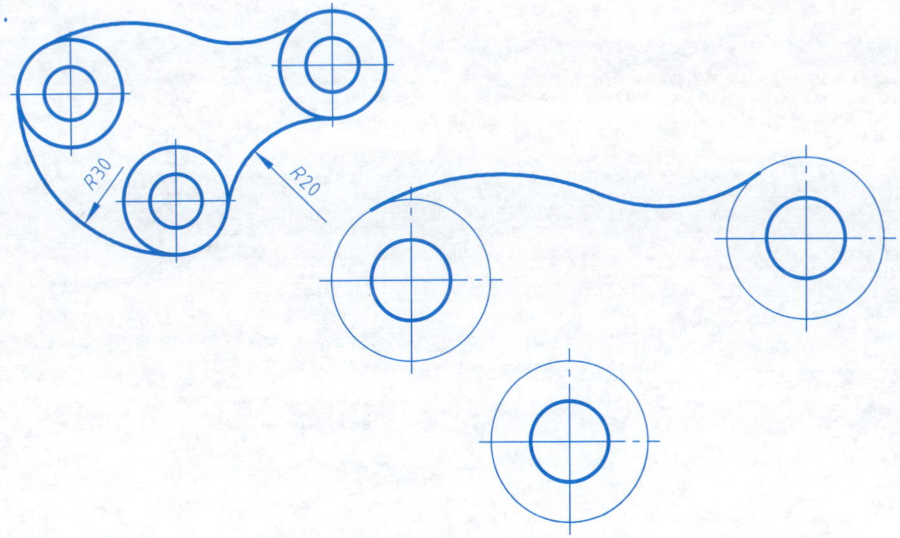

4.

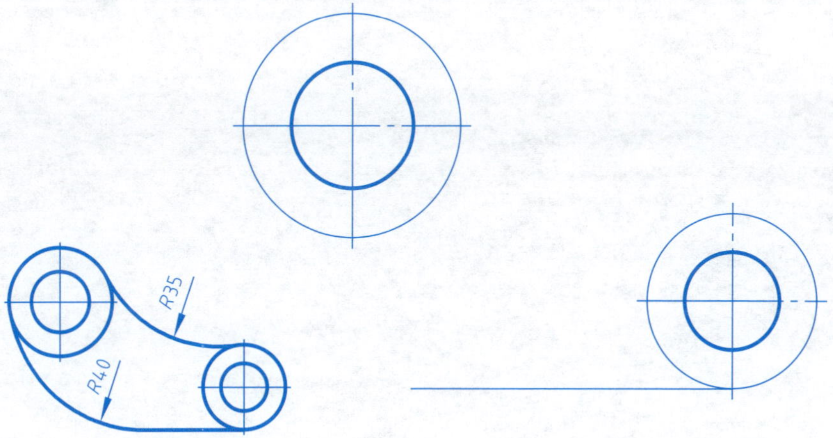

班级：__________ 姓名：__________ 学号：__________ 成绩：__________

4-1-2 在指定位置按1:1抄画平面图形，不标注尺寸（保留作图痕迹）

1.

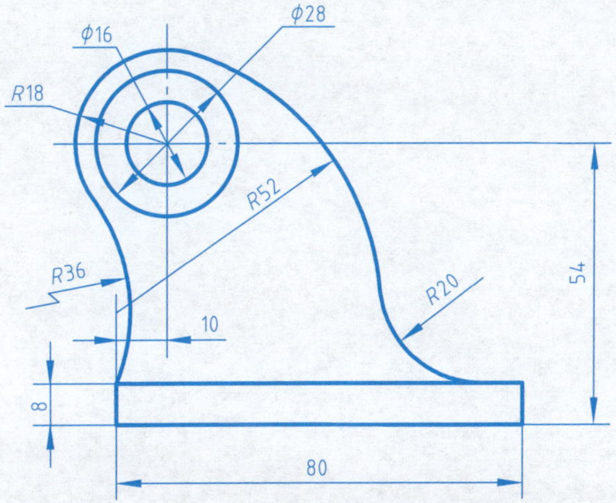

2. 自测题

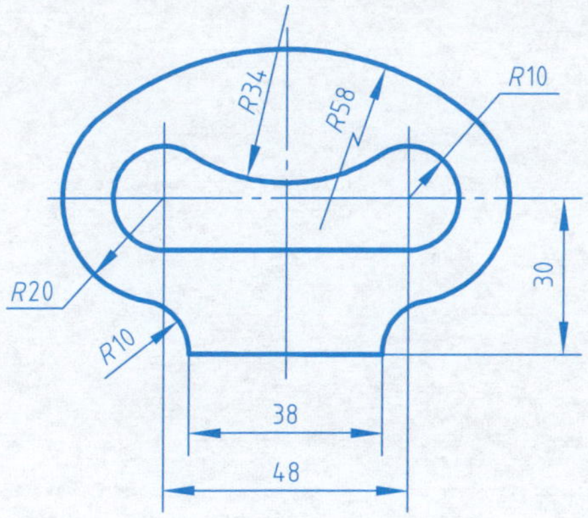

班级：________ 姓名：________ 学号：________ 成绩：________

4-1-3 课内专项训练：绘制钩的平面图形

一、目的

1. 熟悉平面图形的绘制步骤和尺寸标注。

2. 掌握线段连接的技巧和方法。

3. 继续练习使用绘图仪器和工具。

二、内容

1. 按右图绘制平面图形，并标注尺寸。

2. 用 A4 图纸，自定绘图比例及图纸方向。

三、绘图步骤

1. 分析图形。

读懂图形的构成，分析图形中的尺寸，确定线段性质和作图步骤。

2. 画底稿。

(1) 画图框和标题栏。

(2) 画两个方向的作图基准线（常以对称中心线及圆的中心线为基准线）。

(3) 按已知线段、中间线段、连接线段的顺序画出图形。

(4) 画尺寸界线、尺寸线、箭头及填写尺寸数字。

3. 检查底稿，擦去多余图线。

4. 铅笔描深，加粗图形。(先粗后细，先圆弧后直线，从上到下，从左到右)

5. 填写标题栏内容。

6. 校对修饰图面。

四、注意点

1. 图形布置匀称。布图时应根据图形横向、竖向总尺寸及留足尺寸位置，确定图形在图幅中的位置，画出两个方向作图基准线。

2. 画底稿图上的连接线段时，应准确找出圆心和切点。

3. 描深、加粗图线时，同类图线同时描深、粗细一致，连接光滑。

4. 箭头应符合规定，尺寸标注应正确、完整。

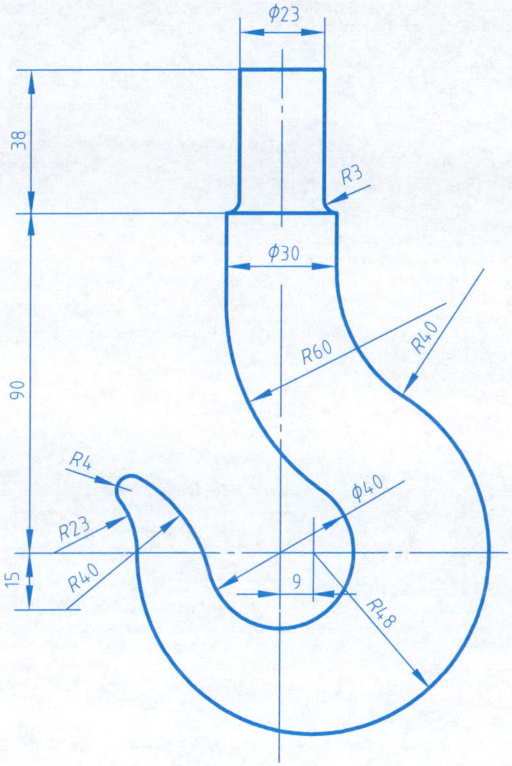

班级：＿＿＿＿ 姓名：＿＿＿＿ 学号：＿＿＿＿ 成绩：＿＿＿＿

4-2 绘制轴测图

4-2-1 画出基本体的正等轴测图（尺寸从图中量取），并补全三视图（一）

1.

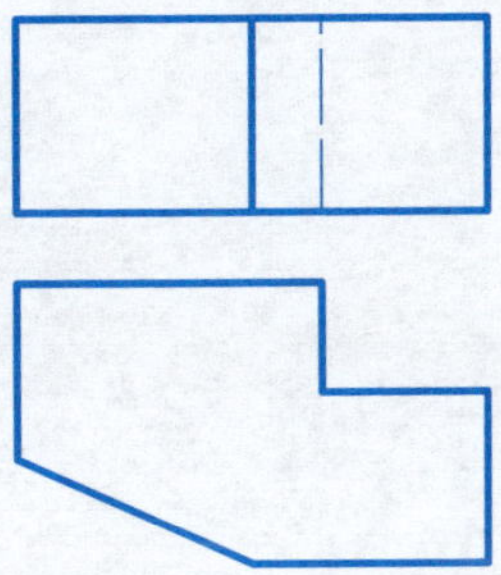

2.

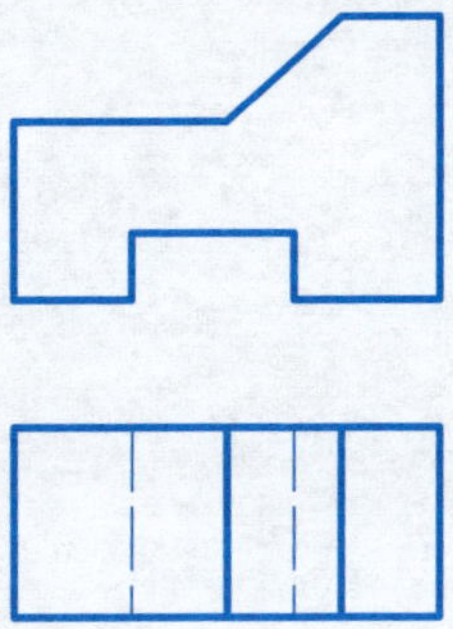

3.

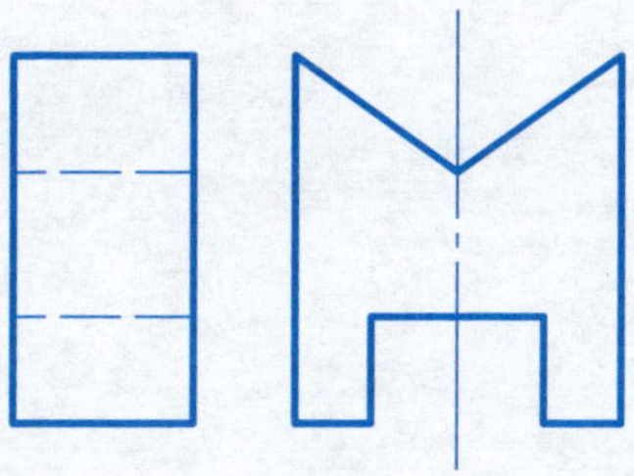

4.

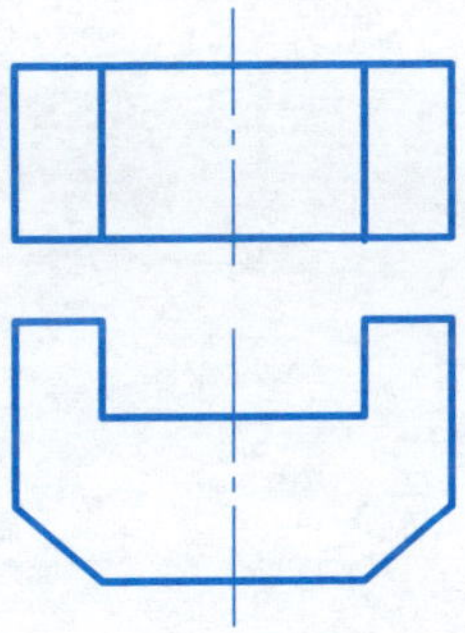

5.

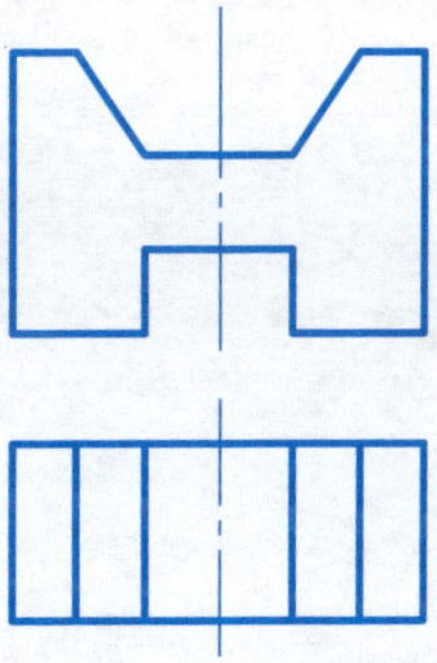

6.

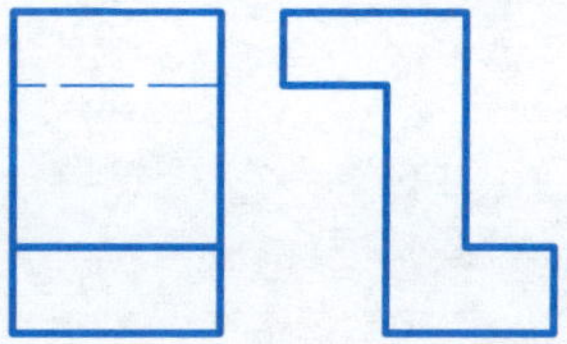

班级：________ 姓名：________ 学号：________ 成绩：________

4-2-1 画出基本体的正等轴测图（尺寸从图中量取），并补全三视图（二）

1.

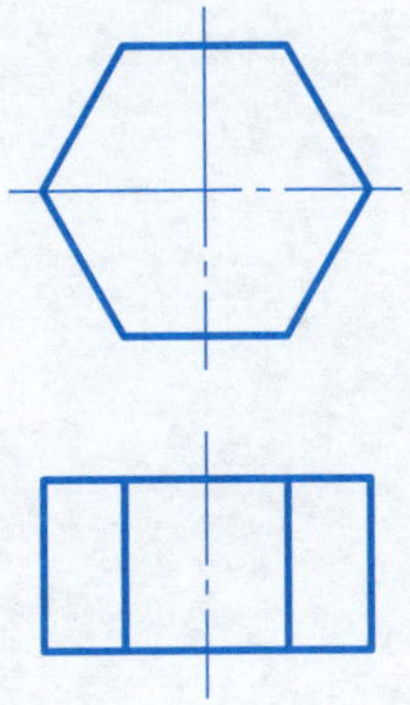

2.

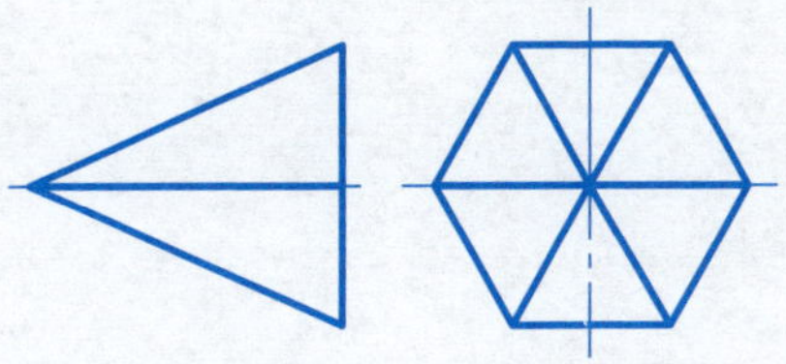

3.

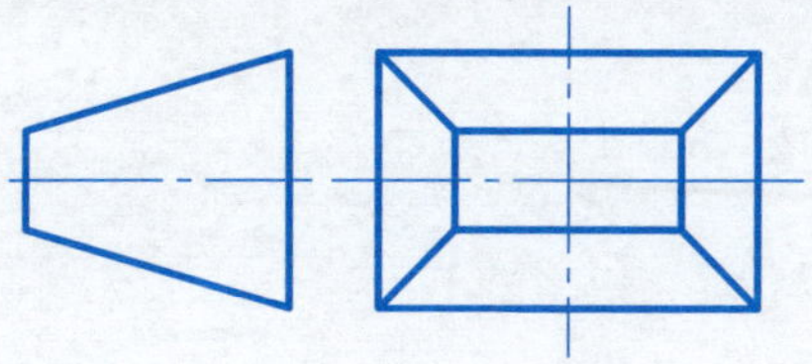

4.

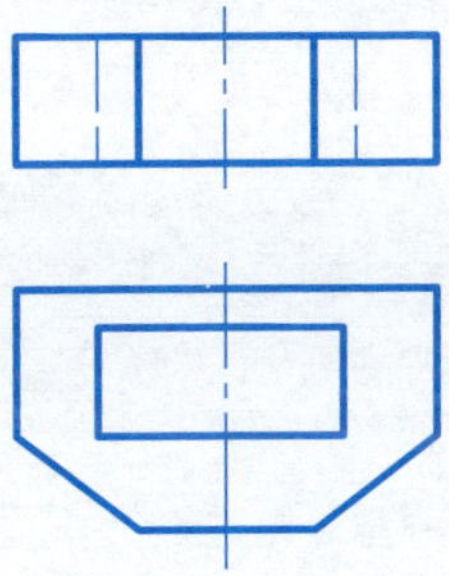

5.

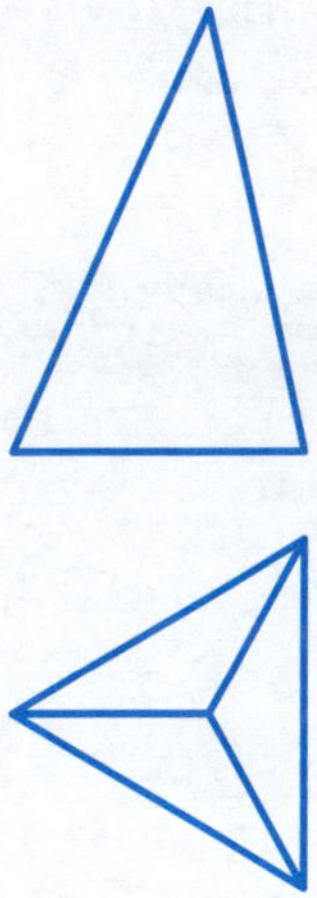

6.

班级：________ 姓名：________ 学号：________ 成绩：________

4-2-1 画出基本体的正等轴测图（尺寸从图中量取），并补全三视图（三）

1.

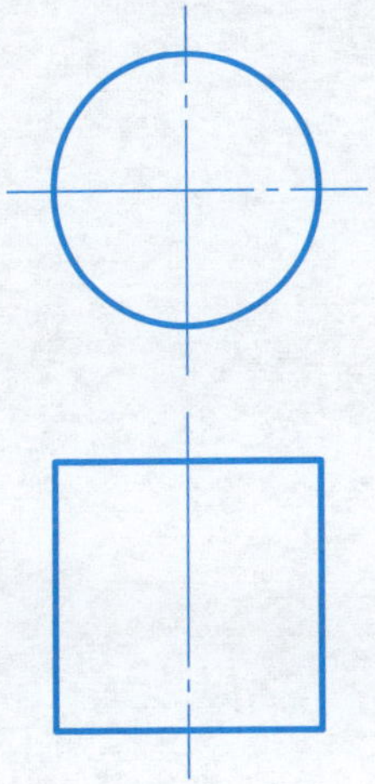

2.

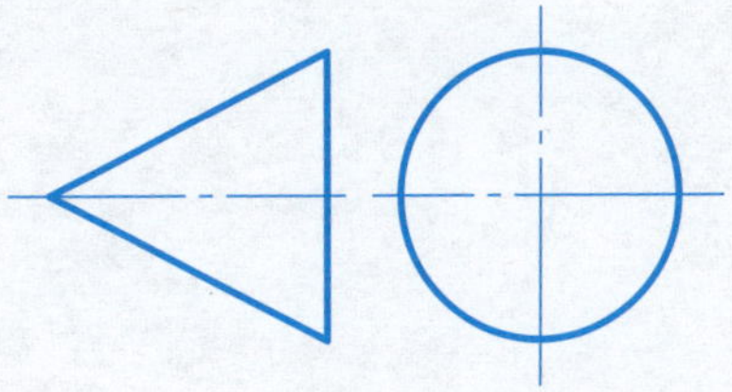

3.

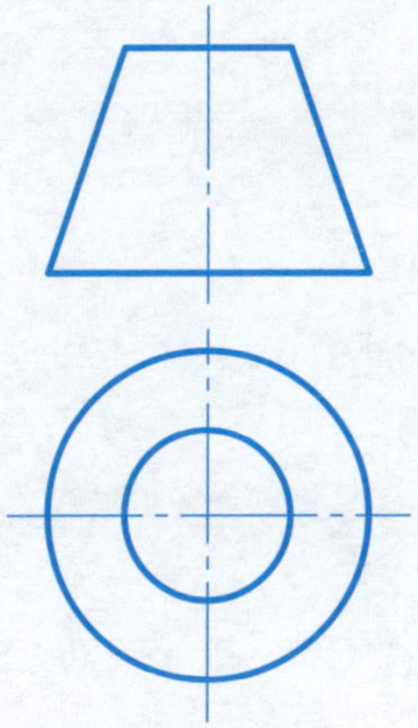

4.

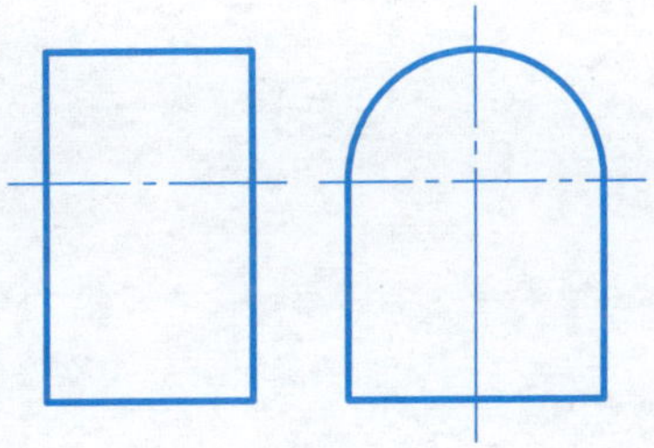

5.

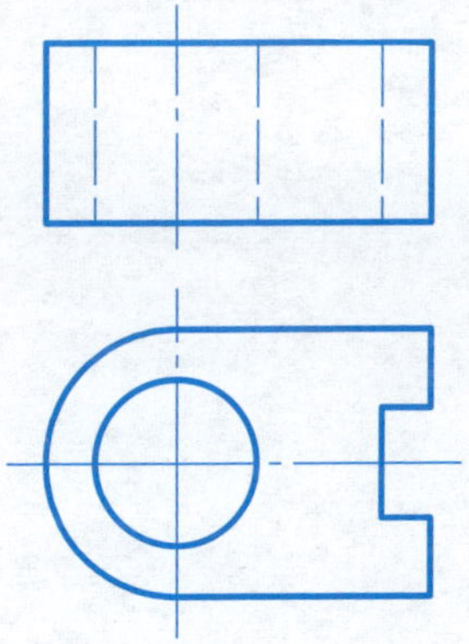

6.

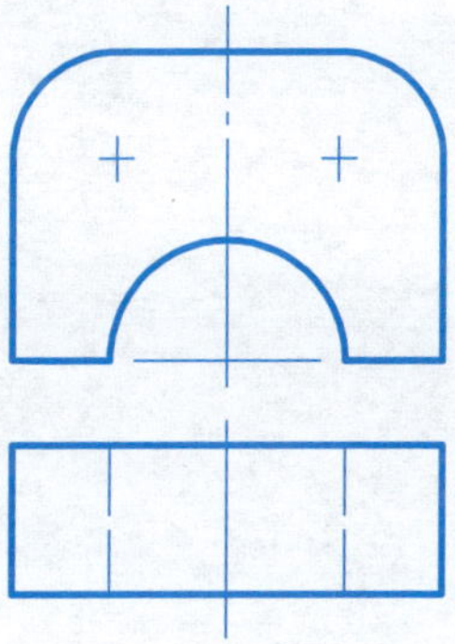

班级：________ 姓名：________ 学号：________ 成绩：________

4-2-2 绘制组合体正等轴测图（4题可以绘制斜二测图）

1.

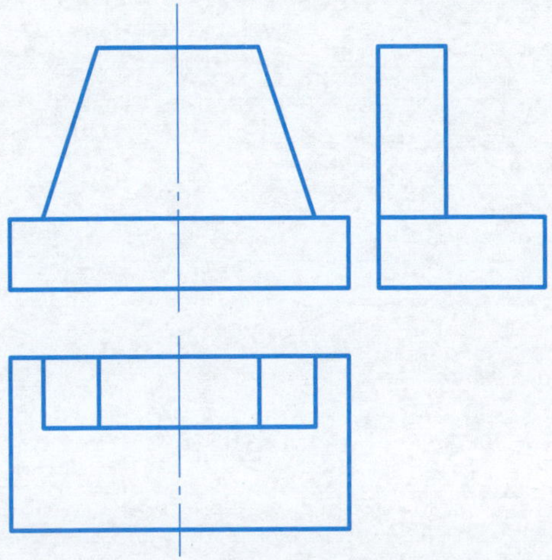

2.

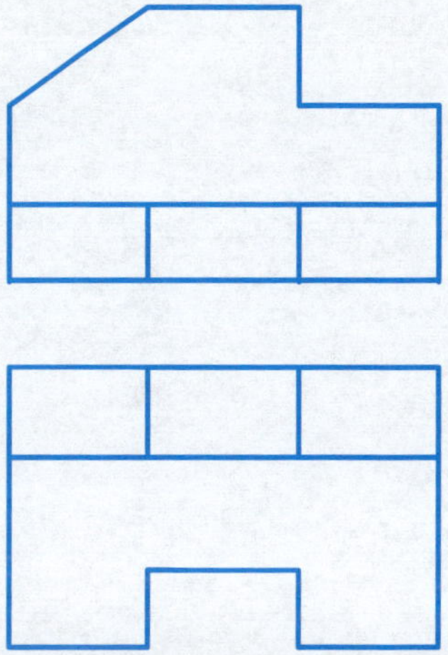

3.

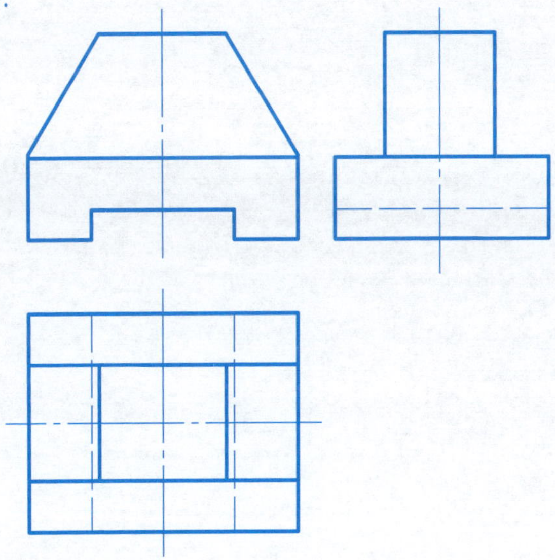

4.

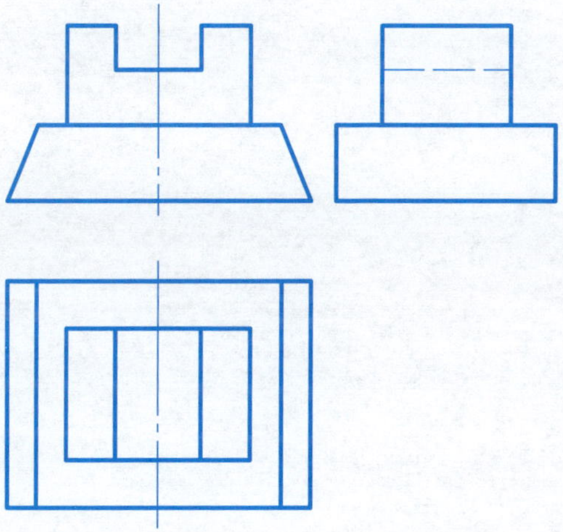

班级：______ 姓名：______ 学号：______ 成绩：______

4-2-3 课内专项训练：绘制组合体正等轴测图

一、目的

1. 掌握绘制组合体轴测图的方法，提高绘图技能。
2. 继续练习使用绘图仪器和工具。

二、内容及要求

1. 根据组合体视图绘制正等轴测图（4题可以绘制斜二测图）。
2. 用A4图纸。

三、绘图步骤

1. 根据组合体视图确定轴测轴和轴间角。
2. 按形体分析法画图，先画基本形体，然后从大的形体着手，由小到大，采用叠加或切割的方法逐步完成。
3. 用粗实线画出物体的可见轮廓。为了使画出的轴测图具有更强的空间立体感，通常不画出物体的不可见轮廓线，但在必要时，可把虚线画出。

四、注意点

1. 画图前应仔细观察视图，了解形体特点，确定轴测轴和轴间角。
2. 轴测轴按表达清晰和作图方便来安排，而Z轴常画成铅垂位置。
3. 绘制组合体轴测图时，通常采用切割法和叠加法。
4. 轴测投影的可见性比较直观，对不可见的轮廓可省略虚线，在轴测图上形体轮廓能否被挡住要作图判断，不能凭感觉绘图。
5. 注意丁字尺与三角板的正确配合使用。

1.

2.

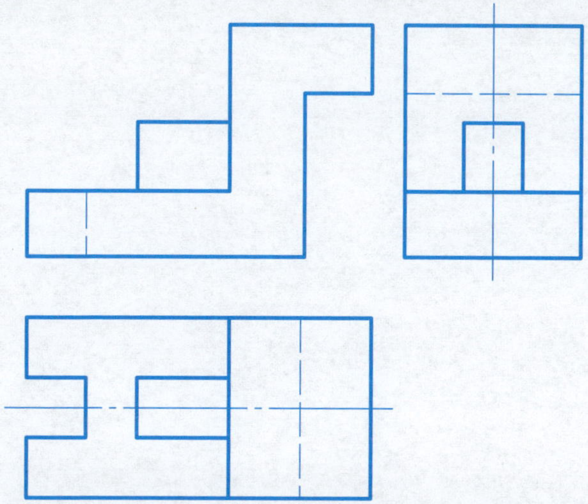

3.

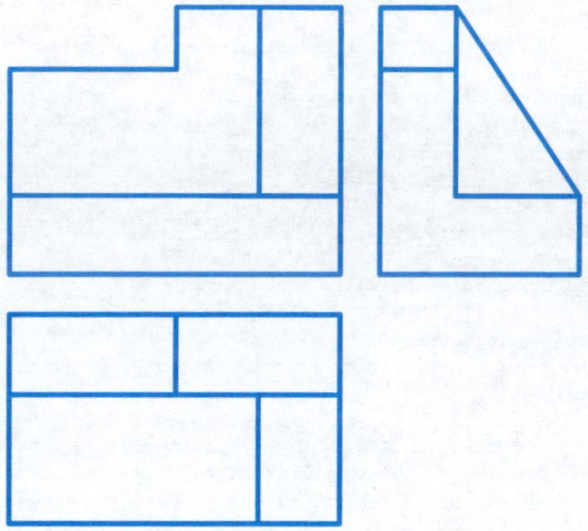

4.

4-2-4　绘制组合体正等轴测图自测题（4题可以绘制斜二测图）

1.

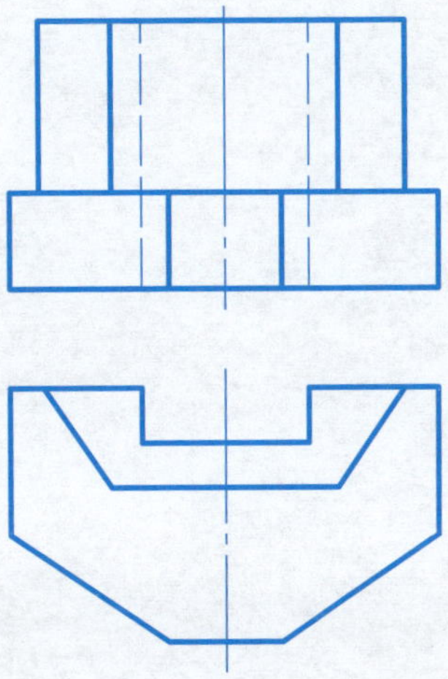

2.

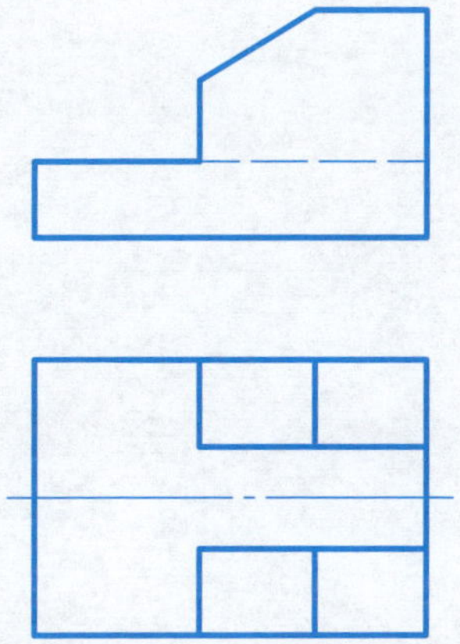

3.

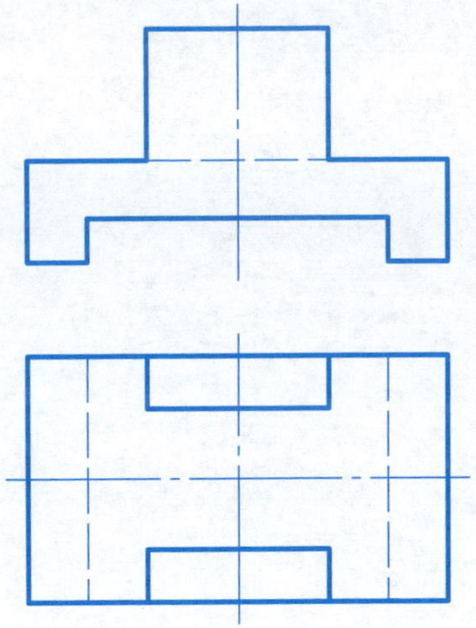

4.

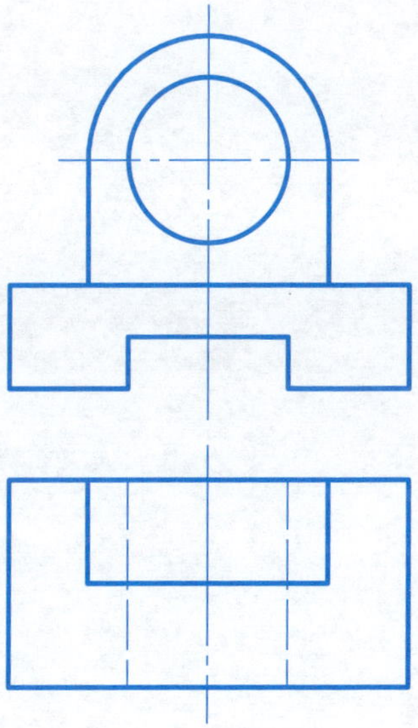

班级：________　　姓名：________　　学号：________　　成绩：________

5-1 标准件、常用件表示法

5-1-1 分析螺纹画法中的错误，并找出正确的螺纹画法

1.

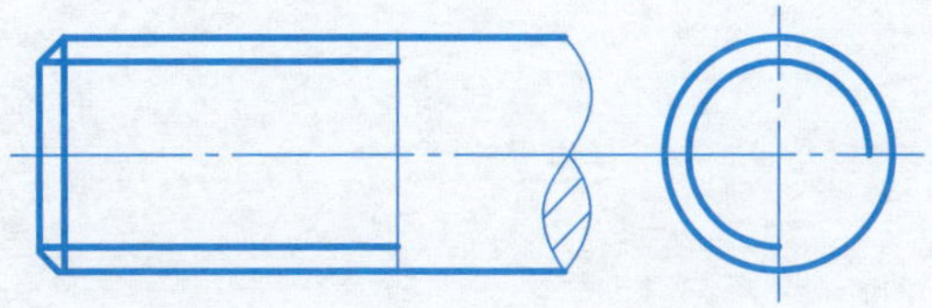

2.

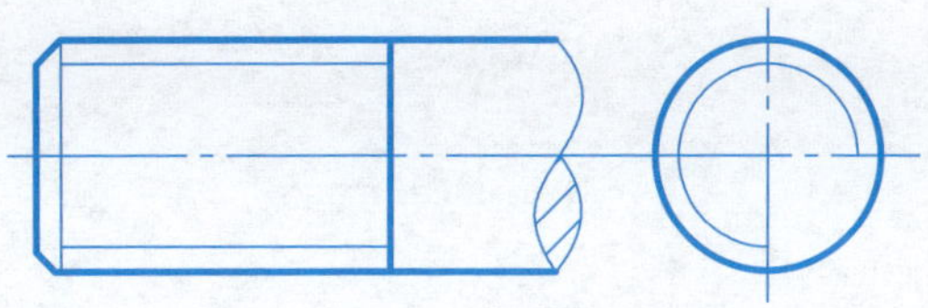

3.

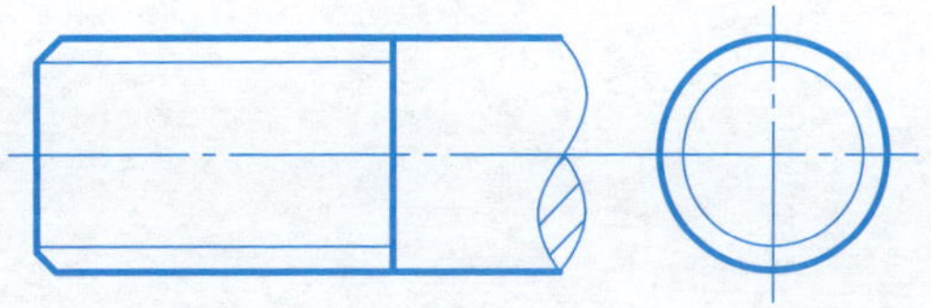

4.

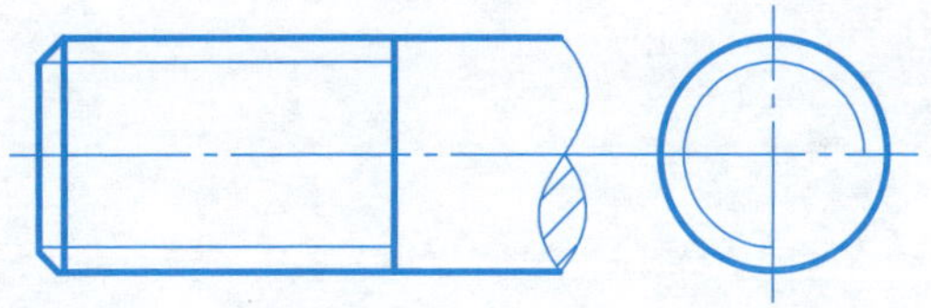

5.

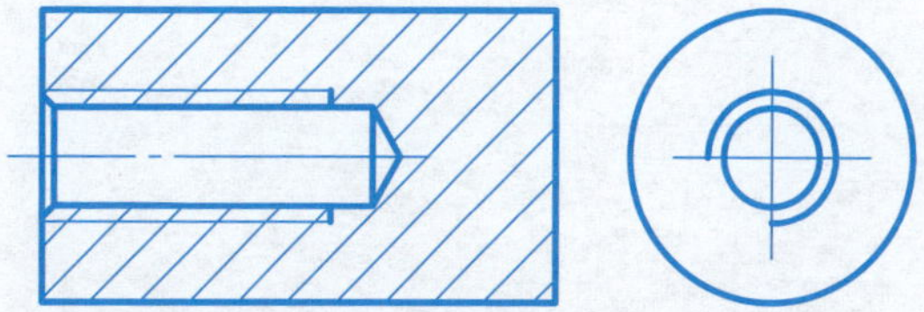

6.

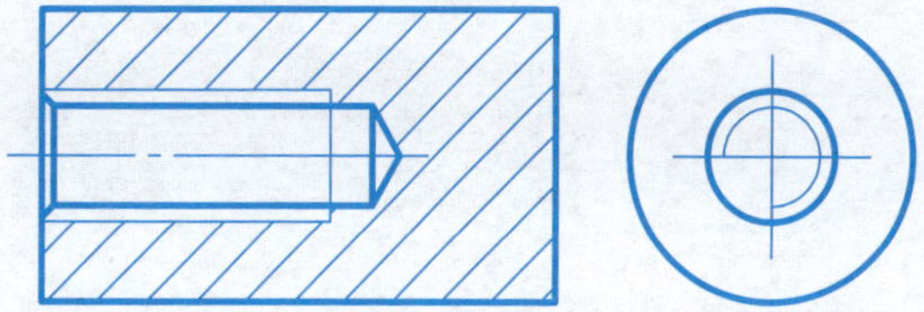

7.

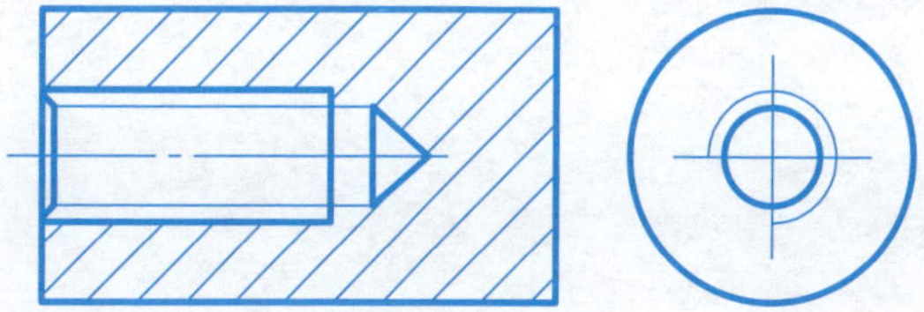

8.

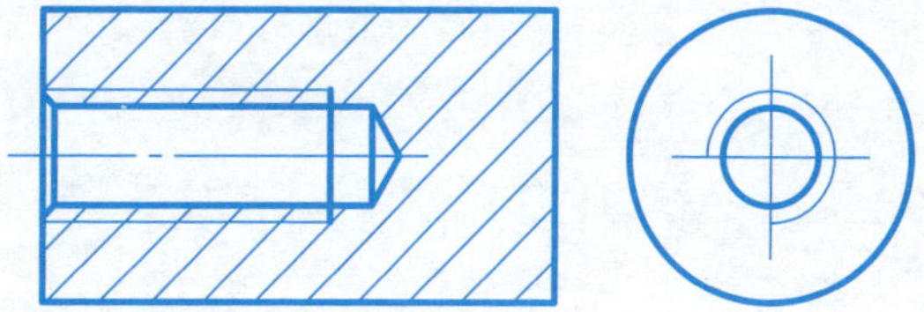

9.

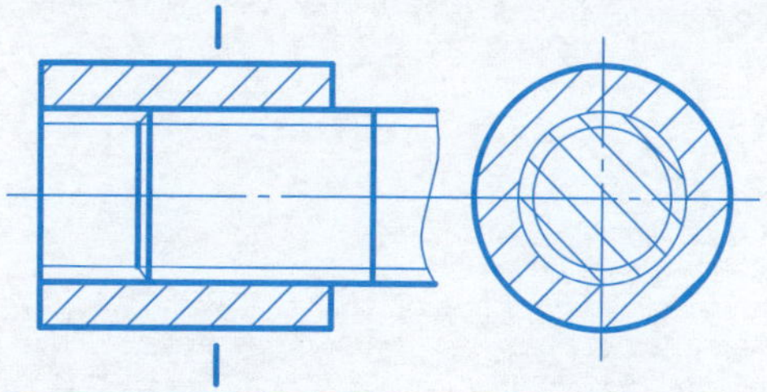

10.

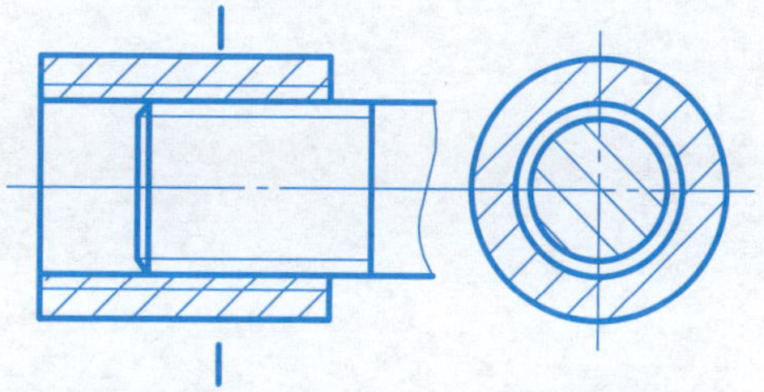

11.

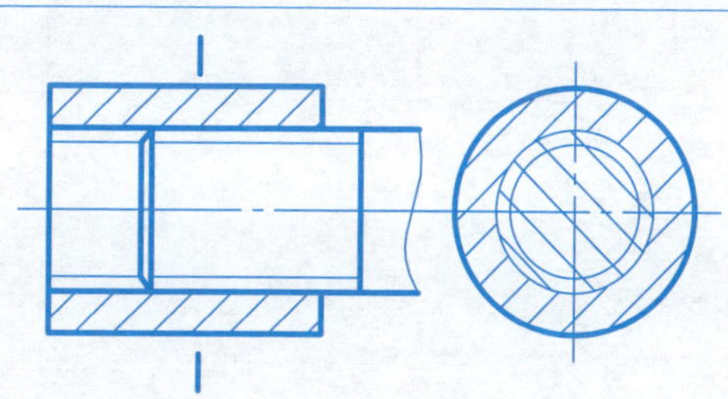

12.

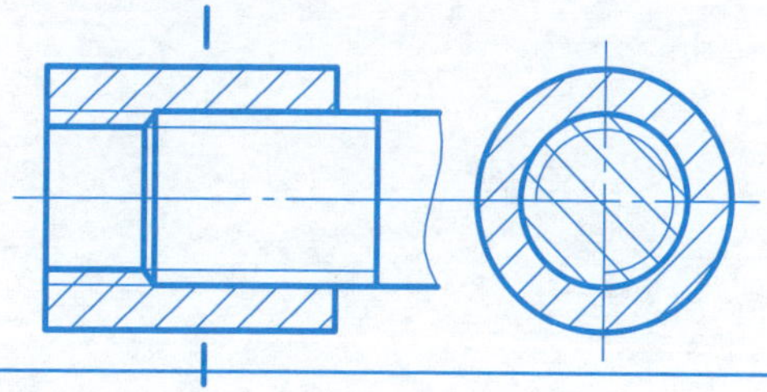

班级：________　姓名：________　学号：________　成绩：________

5-1-2　绘制螺纹连接图

1. 补画轴左端的螺纹轴，螺纹标记为M20×1，轴长为24mm，螺纹长度为20mm，倒角C 2。

2. 补画通孔内螺纹，螺纹标记为M16-6H-L-LH，两端倒角C 1。

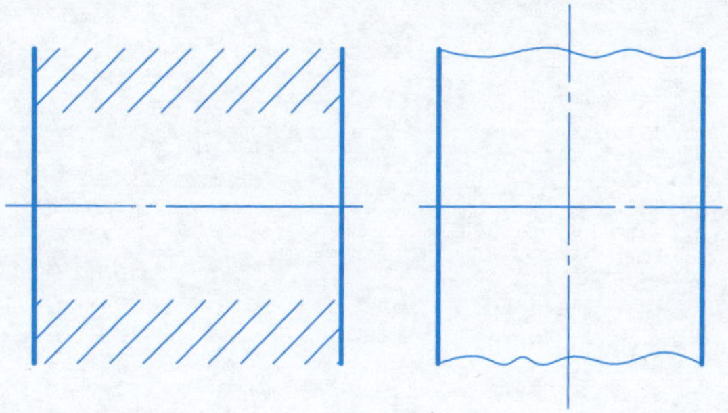

3. 补画不通孔内螺纹、孔深26mm，螺纹标记为M16，螺纹深度为18mm，左端倒角C 1。

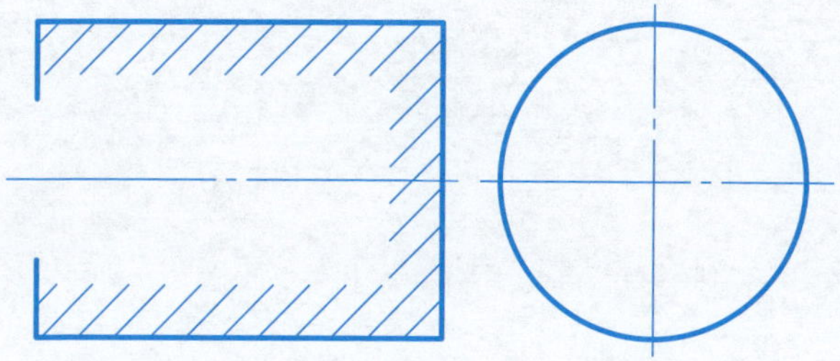

4. 分析管螺纹画法的错误，在其下方画出正确的图形。

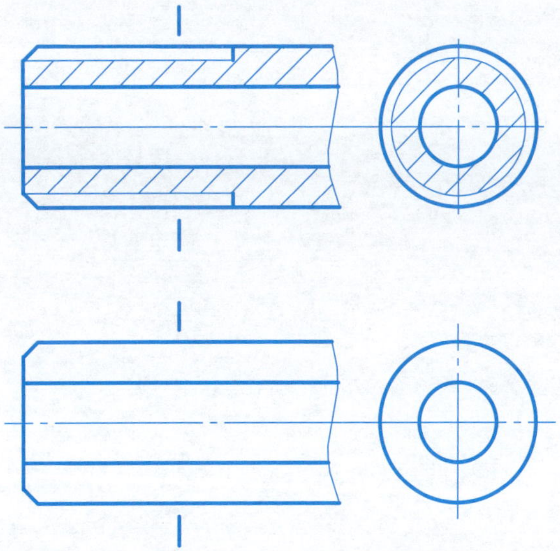

5. 分析螺纹连接画法的错误，在其下方画出正确的图形。

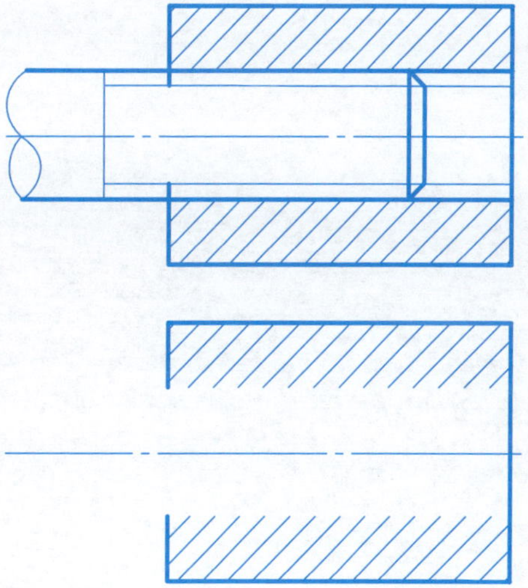

6. 分析螺纹连接画法的错误，在其右方画出正确的图形。

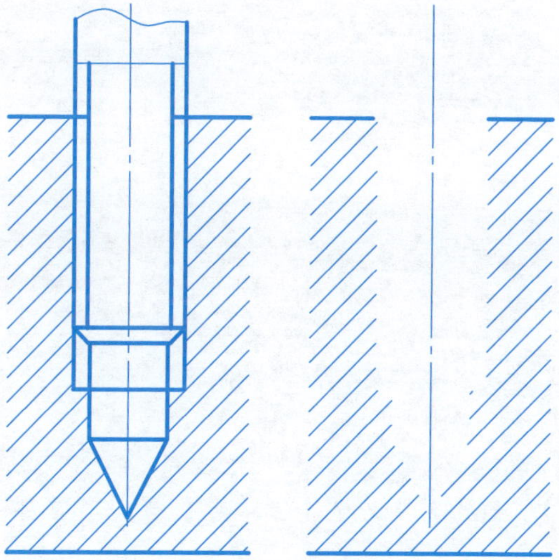

班级：________　姓名：________　学号：________　成绩：________

5-1-3 按要求标注螺纹代号

1. 普通细牙螺纹，大径24mm，螺距2mm，单线，中径、顶径公差带代号分别为5g，6g，右旋。

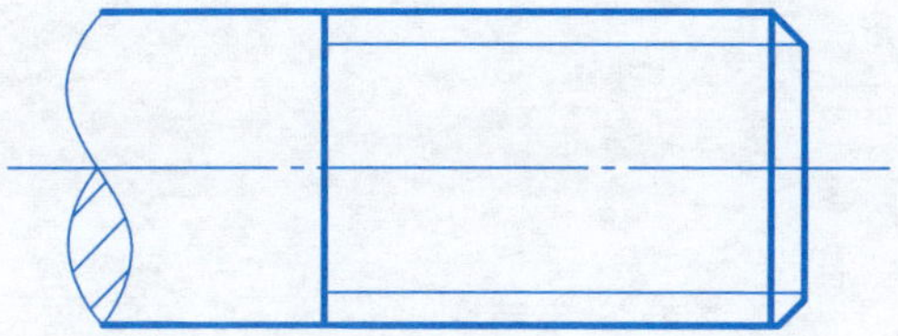

2. 普通螺纹，大径24mm，螺距1.5mm，单线，中径、顶径公差带代号均为5H，长旋合长度，左旋。

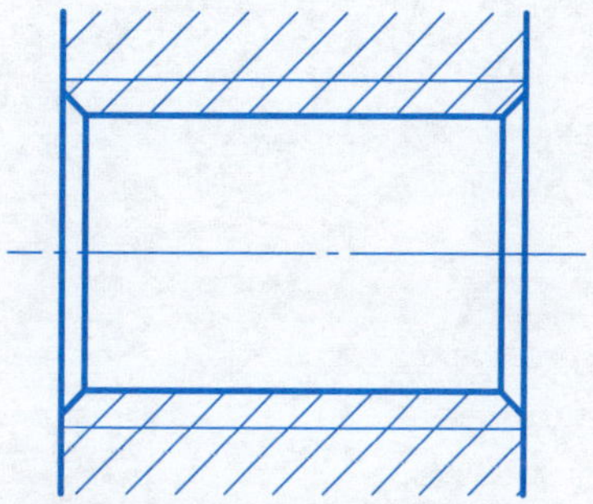

3. 梯形螺纹，公称直径d=36mm，导程12mm，螺距6mm，双线，中径、顶径公差带代号均为7h，中等旋合长度，右旋。

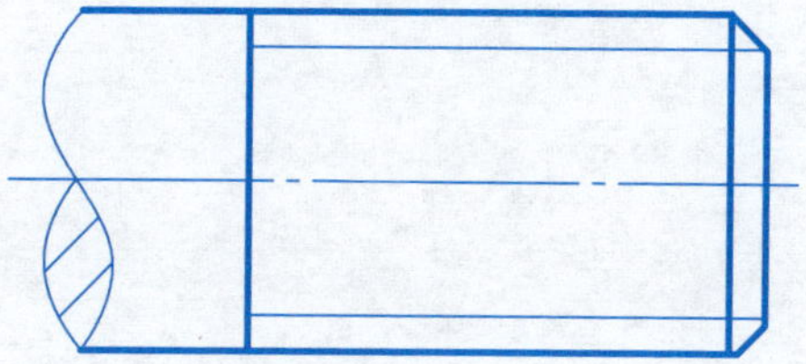

4. 55°非密封管螺纹，尺寸代号1，公差等级为A级，右旋。

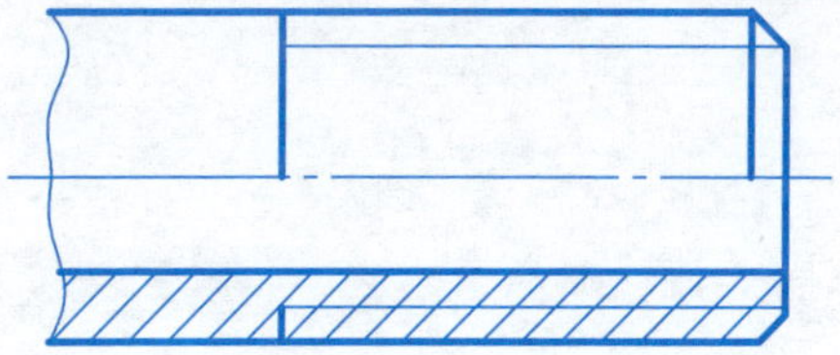

5. 55°密封管螺纹：圆锥内螺纹，尺寸代号为3/4，左旋。

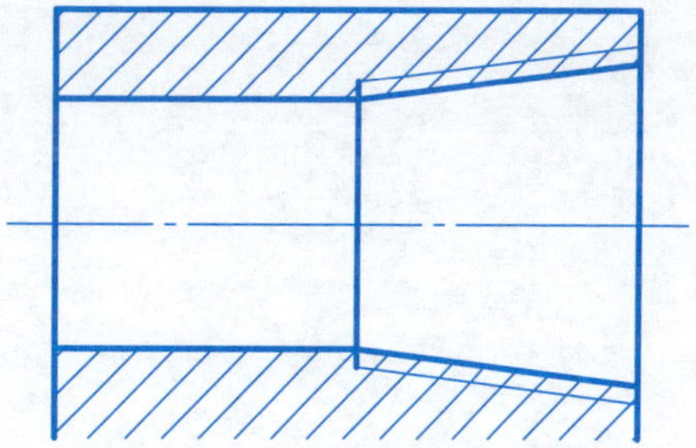

6. 55°密封管螺纹：与圆锥内螺纹相配合的圆锥外螺纹，尺寸代号1/2，右旋。

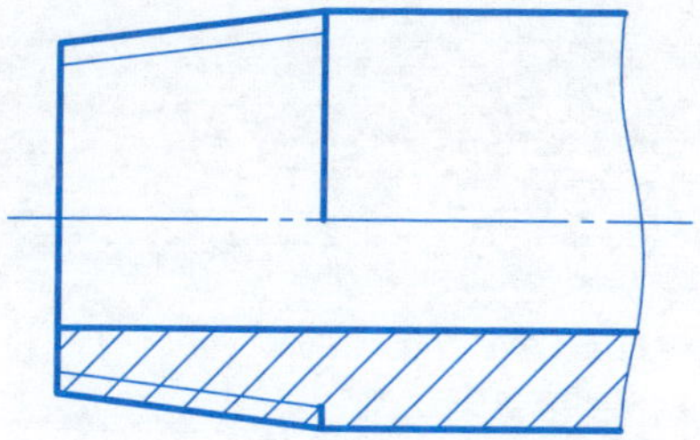

5-1-4 绘制螺纹紧固件连接图

1. 用比例画法画出螺栓连接装配图。

螺栓：GB/T 5782 M12 螺母：GB/T 6170 M12 垫圈：GB/T 97.1 12

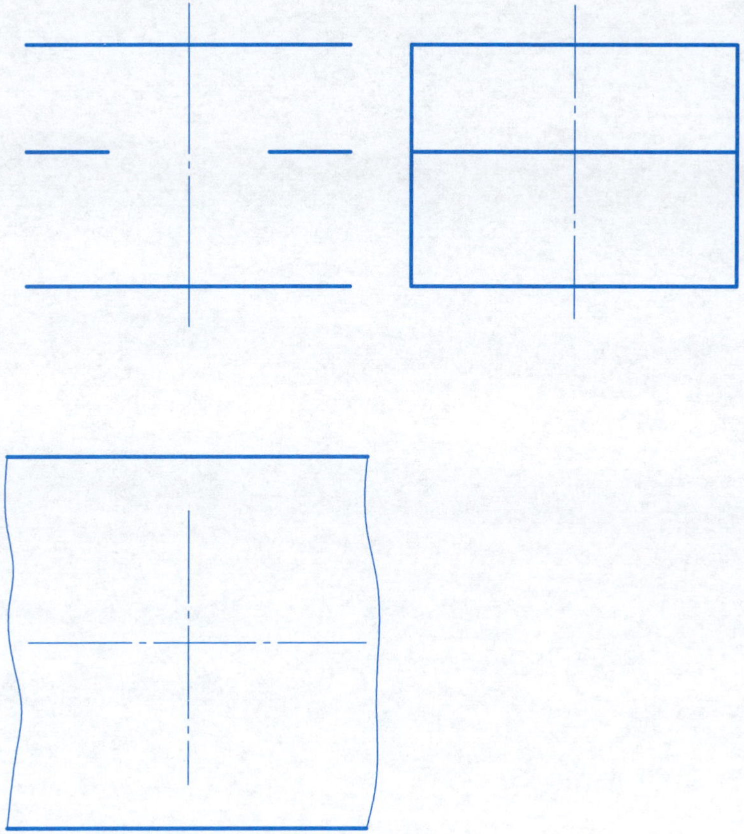

2. 用比例画法画出螺柱连接装配图。

螺柱：GB/T 897 M12 螺母：GB/T 6170 M12

垫圈：GB/T 93 12 机座材料：钢

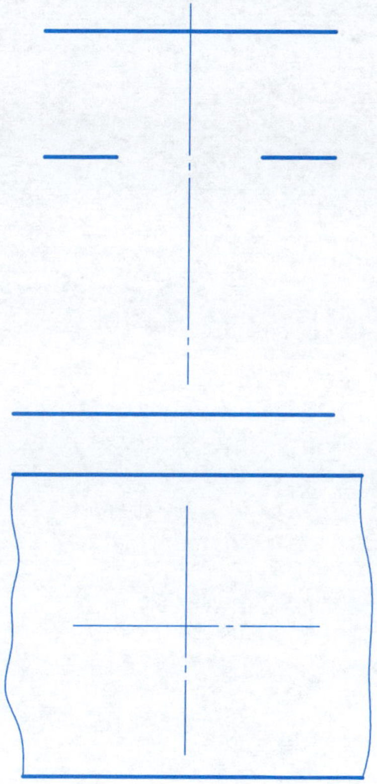

3. 完成螺钉连接的装配图。

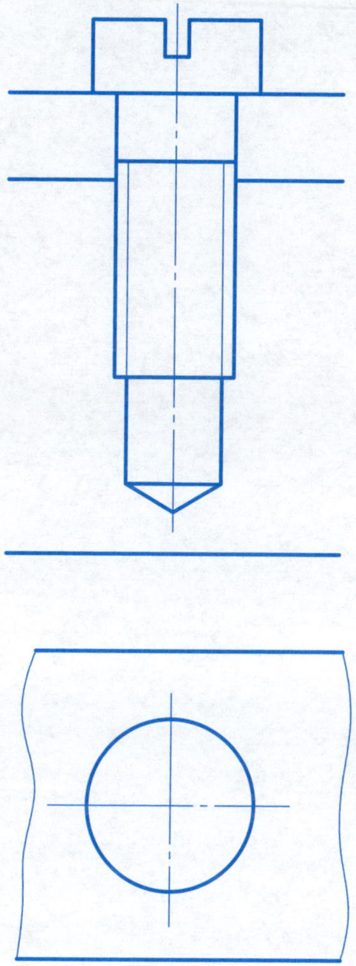

班级：________ 姓名：________ 学号：________ 成绩：________

5-1-5 绘制单个齿轮：已知标准直齿圆柱齿轮模数m =3mm，z =30，计算确定各部分尺寸，画其两视图，并标注齿顶圆、分度圆直径。

分度圆直径d =

齿顶圆直径d_a=

齿根圆直径d_f=

班级：________ 姓名：________ 学号：________ 成绩：________

5-1-6 绘制齿轮啮合图：已知标准直齿圆柱齿轮模数m =3mm，Z_1=20，另一小齿轮Z_2=14，孔径为18mm，两轮宽度相等，中心距a=51mm。

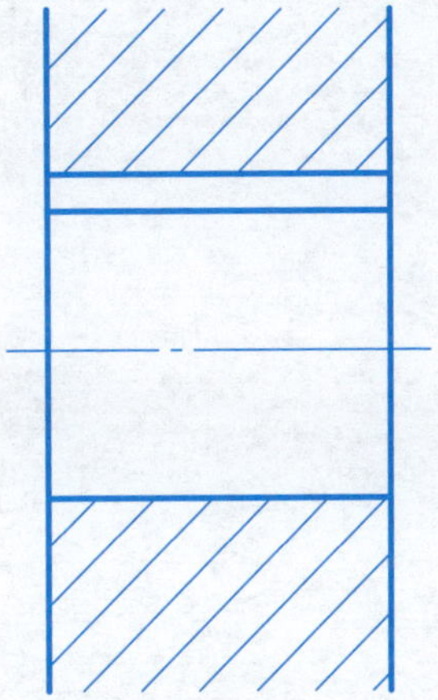

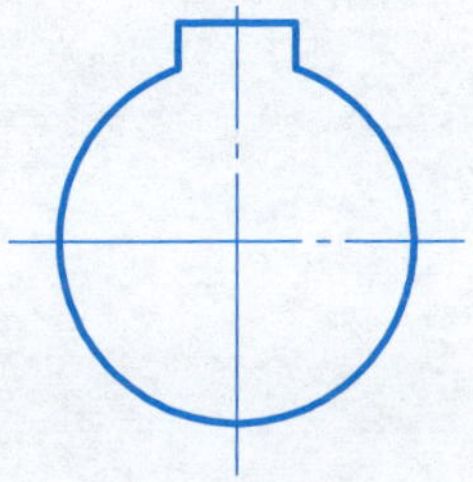

班级：________ 姓名：________ 学号：________ 成绩：________

5-1-7 绘制键和销连接

1. 已知轮孔径ϕ25mm，查手册画平键槽并标注键槽尺寸。

2. 已知轴径ϕ25mm，查手册画轴平键槽并标注键槽尺寸。

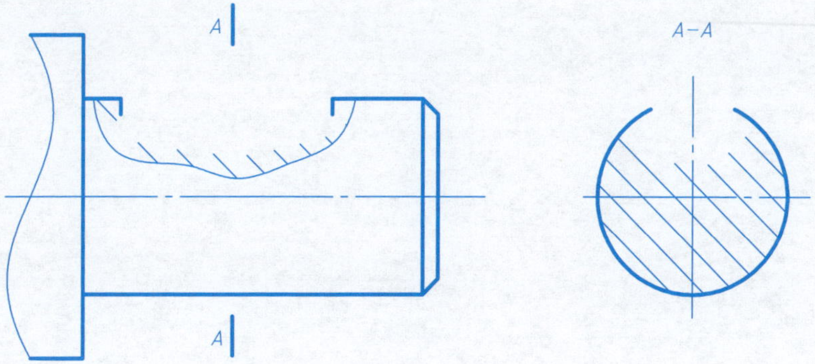

3. 根据1、2题，画其普通平键连接图（轮紧靠阶梯轴肩），并作B–B剖视图。

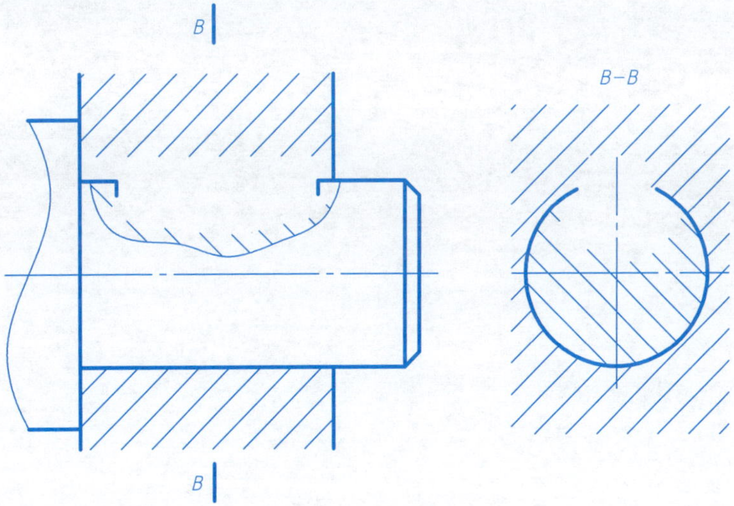

4. 用销GB/T 117—2000 8×50画销连接图。

班级：__________ 姓名：__________ 学号：__________ 成绩：__________

5-1-8 绘制滚动轴承和弹簧

1. 在轴肩处按规定画法画出滚动轴承6306 GB/T 276—2013，并解释滚动轴承代号的含义。

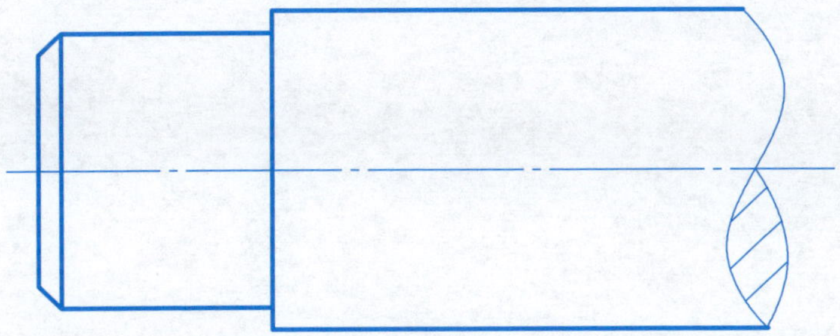

内径______，尺寸系列______，轴承类型____________

2. 已知圆柱螺旋压缩弹簧的弹簧丝直径d =6mm，弹簧中径D =50mm，节距p =12mm，自由高度H_0=80mm，右旋，按1:1的比例画出弹簧的全剖视图。

班级：____________ 姓名：____________ 学号：____________ 成绩：____________

1. 补画轴左端的螺纹轴并标注螺纹尺寸，螺纹标记为M20-5g6g-LH，轴长为35mm，螺纹长度为30mm，倒角C 2。

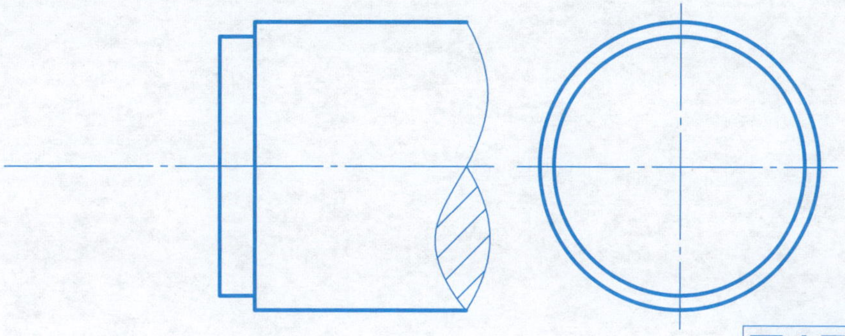

3. 在轴肩处按规定画法画出滚动轴承30206 GB/T 297—2015。

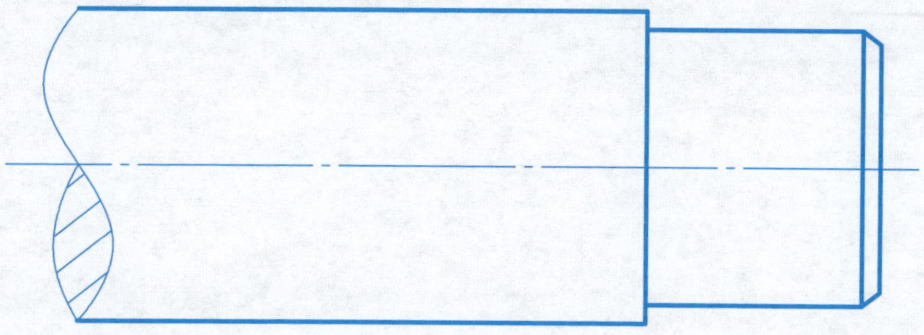

2. 补画不通孔内螺纹并标注螺纹尺寸，孔深32mm，螺纹标记为M16×1-6H5H-LH，螺纹深25mm，右端倒角C 1。

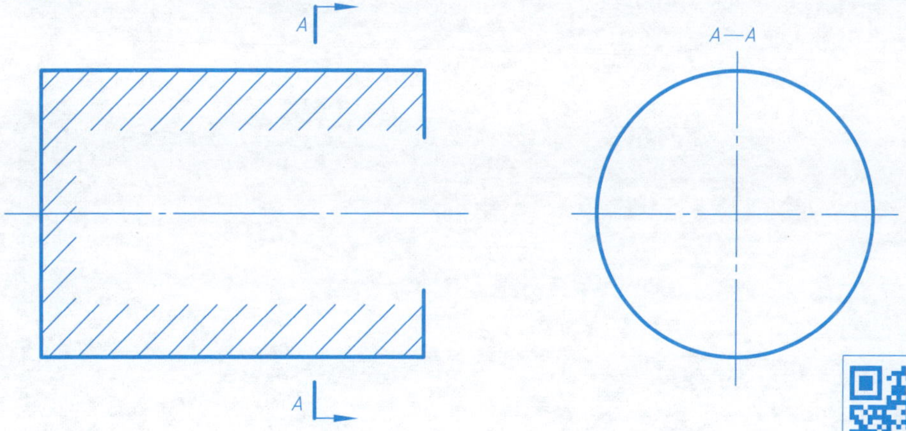

4. 已知标准直齿圆柱齿轮的模数m =1.5mm，齿数Z =32，完成主、左视图。

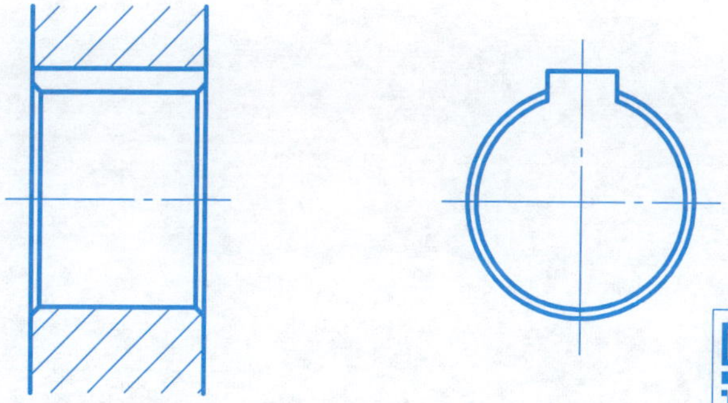

班级：________ 姓名：________ 学号：________ 成绩：________

5. 分析螺钉连接画法的错误，在右方画出正确的图形。

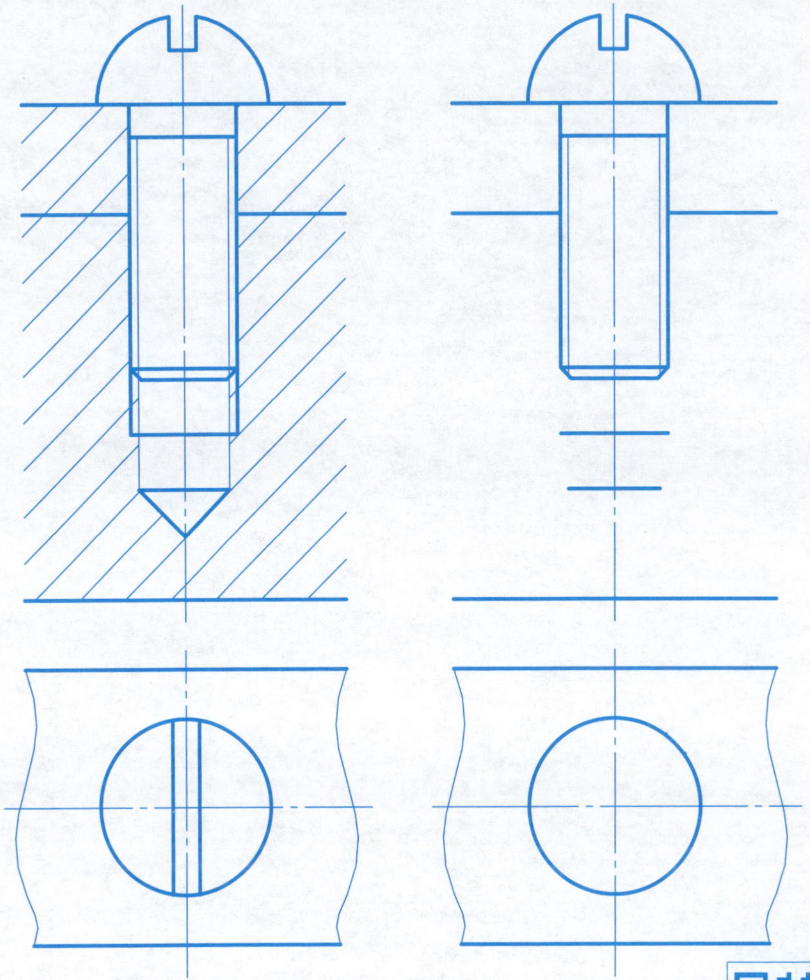

6. 用比例画法补全螺栓连接三视图。

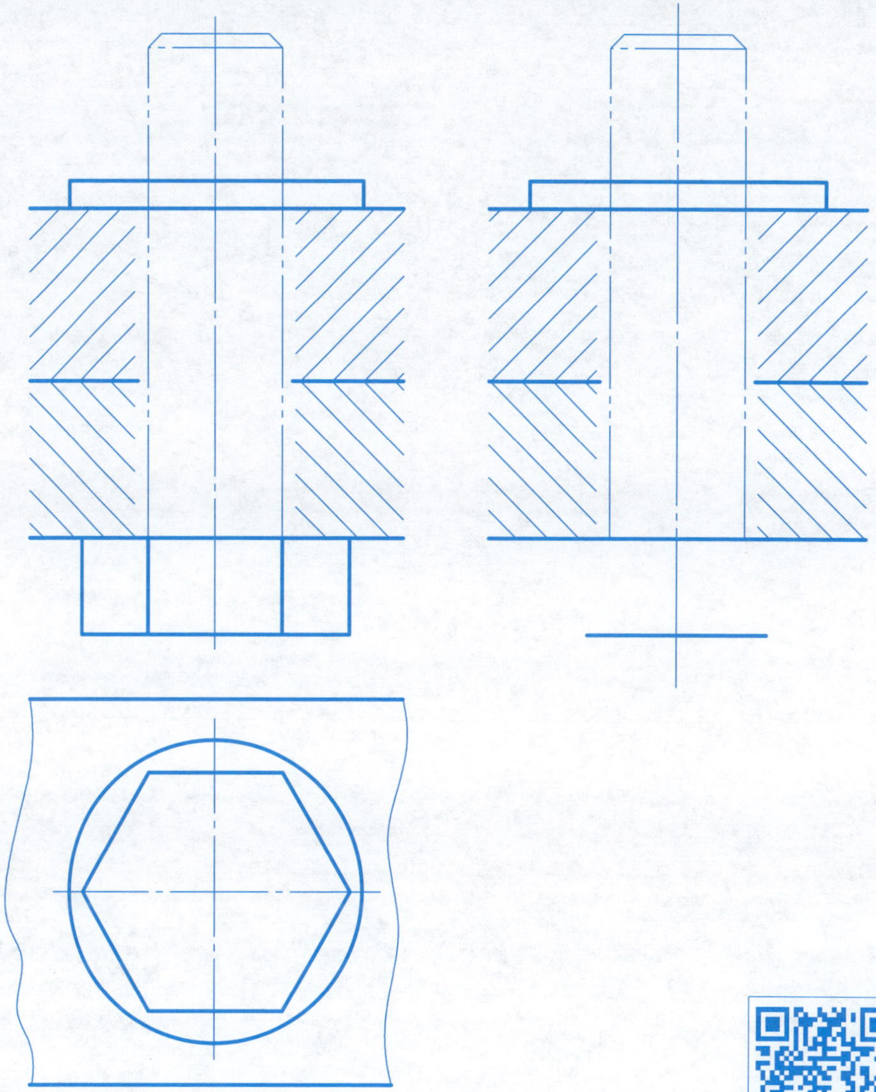

常见零件工艺结构画法，零件的尺寸标注练习

一、填空题

1. 一张完整的零件图包括________、________、________和________四项内容。

2. 零件图的技术要求中对零件表面质量的要求是________。

3. 零件图的技术要求中对零件形状质量的要求是________。

4. 零件图的技术要求中对零件相对位置质量的要求是________。

5. 零件图的技术要求主要有________、尺寸公差、形位公差、材料及热处理等。

6. 尺寸标注的基本要求有四项，它们分别是正确、完整、________和________。

7. 合理标注尺寸是指所注尺寸既要保证________要求，又要符合________要求。

8. 倒角尺寸“C 2”中的“C ”表示____________，“2”表示____________。

二、判断题

1. 为了便于安装和操作安全，轴和孔的端面上应加工倒角。(　　)

2. 退刀槽的尺寸标注可按“槽宽×直径”或“槽宽×槽深”的形式标注。(　　)

3. 退刀槽是机械加工工艺结构。(　　)

4. 起模斜度是铸造工艺结构。(　　)

三、选择题

下列说法中正确的是（　　）。

A. 在螺纹的规定画法中，普通螺纹的大径用粗实线表示　B. 粗牙螺纹要标注螺距

C. 退刀槽的尺寸标注形式只能按“槽宽×直径”标注　D. 普通平键的工作面是两侧面

2. 下列沉孔标注错误的是（　　）。

A.

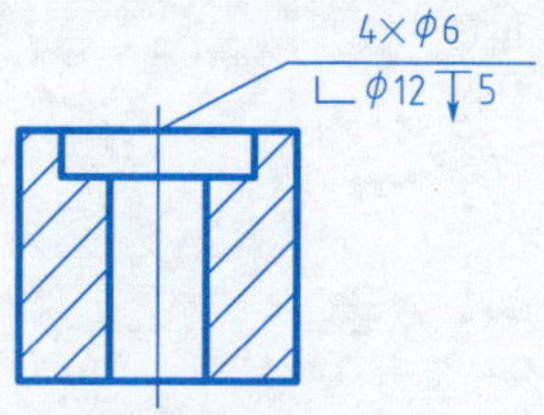

B.

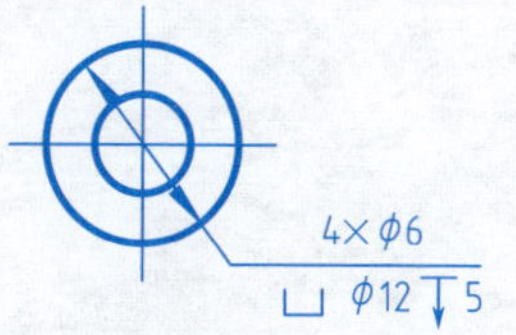

C.

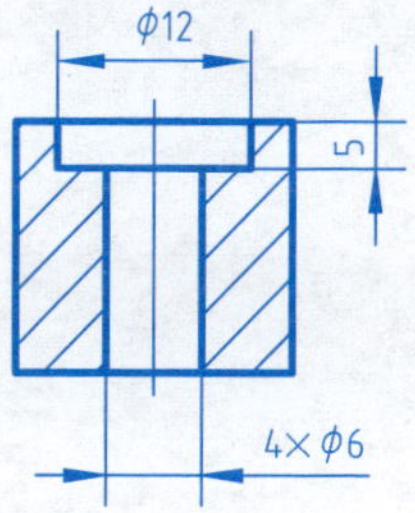

D.

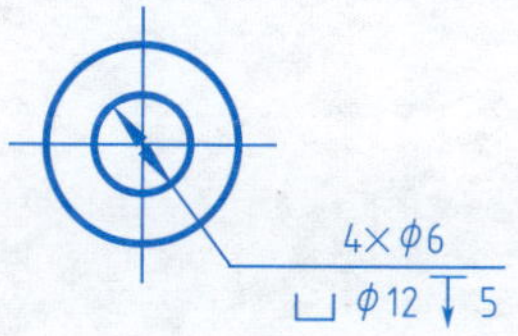

3. 下列退刀槽标注错误的是（　　）。

A.

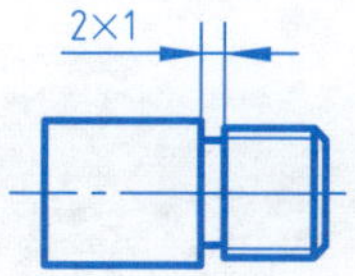

B.

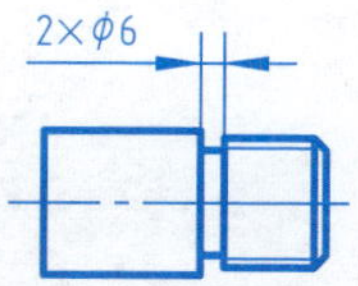

C.

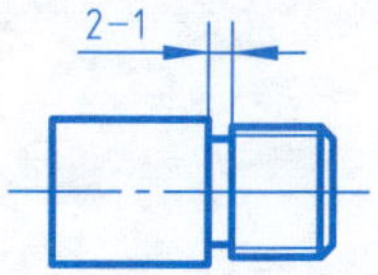

D.

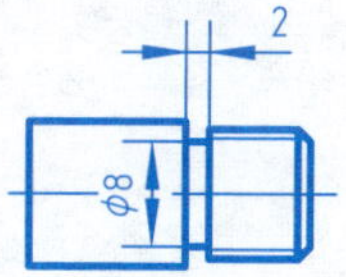

班级：________　姓名：________　学号：________　成绩：________

5-4-1 极限与配合的标注（一）

1. 填表

			公称尺寸	上极限尺寸	下极限尺寸	上极限偏差	下极限偏差	公差	公差带图
$\phi 50\frac{H7}{g6}$	孔	$\phi 50^{+0.025}_{0}$							
	轴	$\phi 50^{-0.009}_{-0.025}$							

2. 填空：$\phi 16\frac{H7}{js6}$公称尺寸________，基______制，________配合，孔公差等级________，轴公差等级________。

3. 改正尺寸偏差写法的错误，将正确的写在横线上。

$\phi 30^{+0.039}_{0}$ __________；$\phi 50^{-0.05}_{-0.025}$ __________；$\phi 35^{+0.02}_{-0.02}$ __________。

4. 根据装配图上的尺寸标注，查表后分别在零件图上注出相应的孔、轴的公称尺寸和极限偏差。

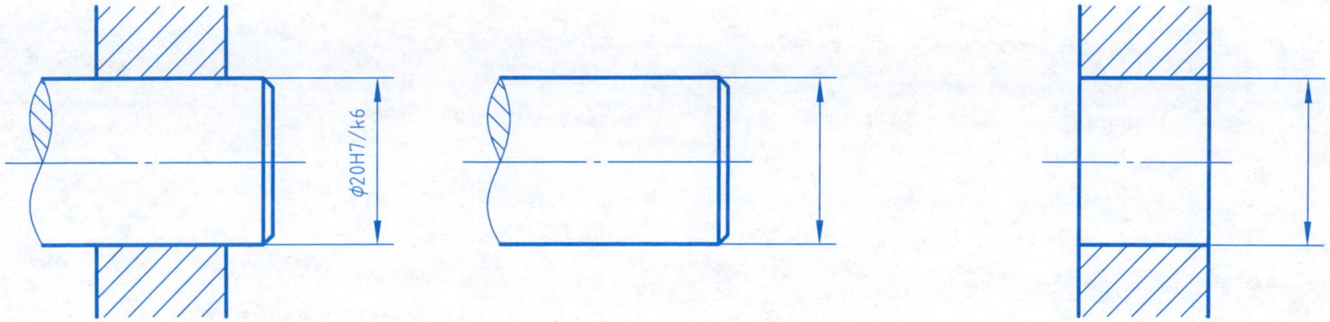

1. 已知轴与孔的公称尺寸为φ35，采用基轴制，轴的公差等级为IT6，孔的公差等级为IT7，基本偏差代号为N。要求在零件图上注出公称尺寸、公差带代号和极限偏差，在装配图上注出公称尺寸和配合代号。

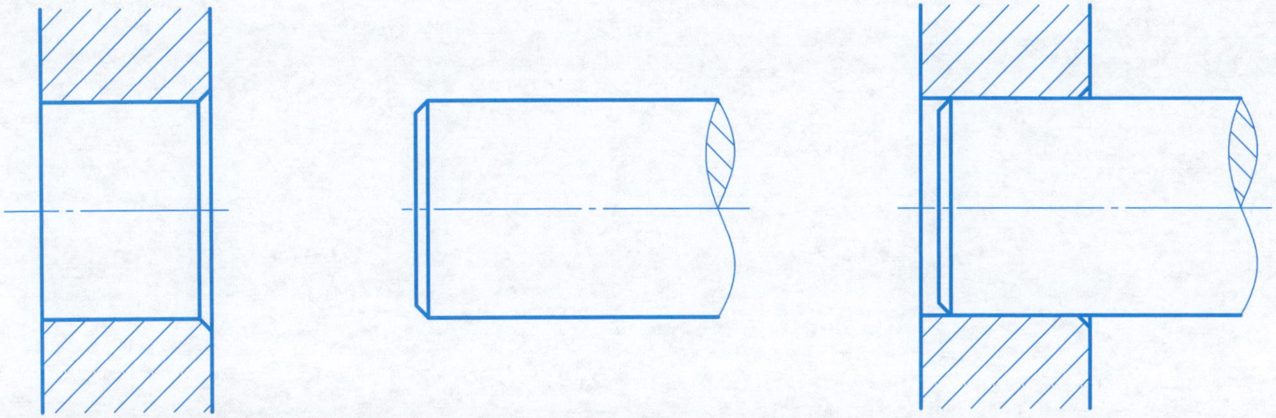

2. 根据装配图上的尺寸标注，查表后分别在零件图上注出相应的孔、轴的公称尺寸和极限偏差。

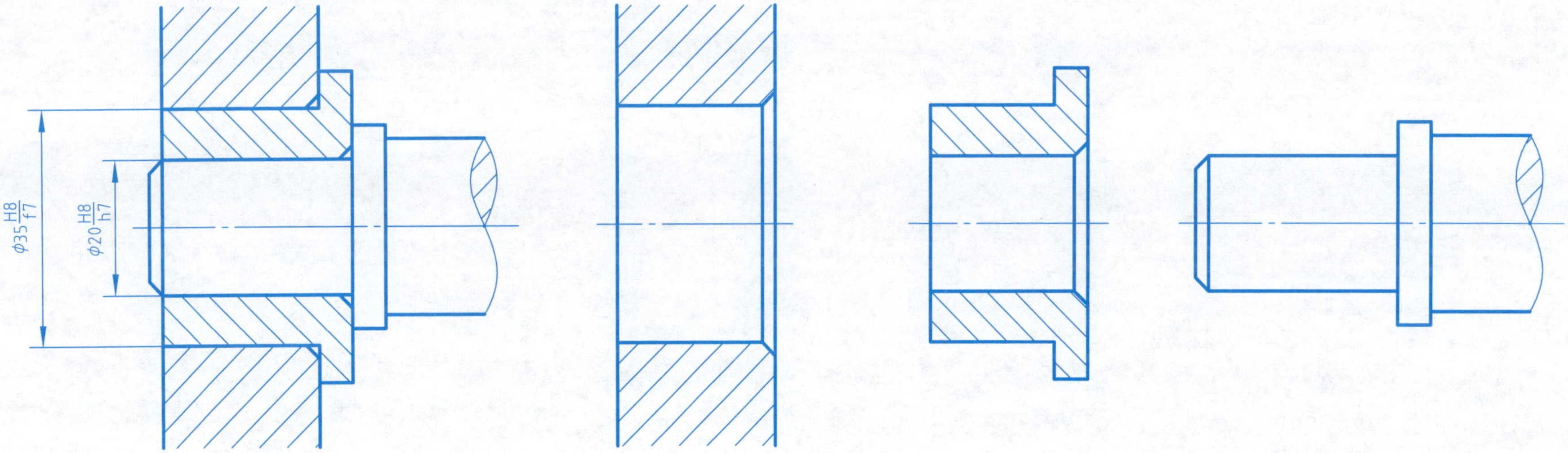

班级：________ 姓名：________ 学号：________ 成绩：________

5-4-2 按要求标注表面粗糙度（一）

表面	Ⅰ	Ⅱ	齿轮齿面	倒角	孔	键槽槽底	键槽两侧	螺纹	其余
Ra	3.2	6.3	1.6	6.3	6.3	6.3	3.2	3.2	12.5

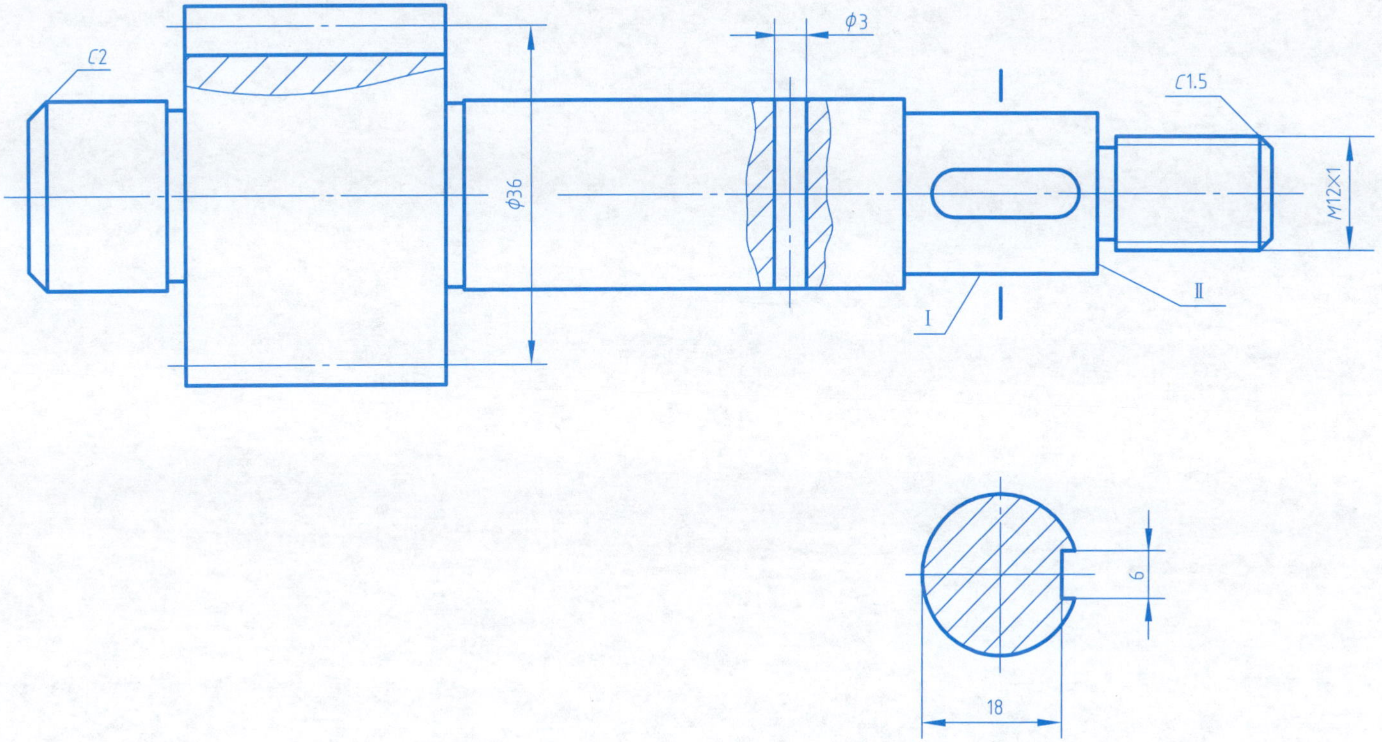

班级：________ 姓名：________ 学号：________ 成绩：________

5-4-2 按要求标注表面粗糙度（二）

1.

表面	Ⅰ	Ⅱ	Ⅲ	Ⅳ	螺孔	沉孔	其余
*R*a	6.3	3.2	12.5	12.5	3.2	6.3	毛坯

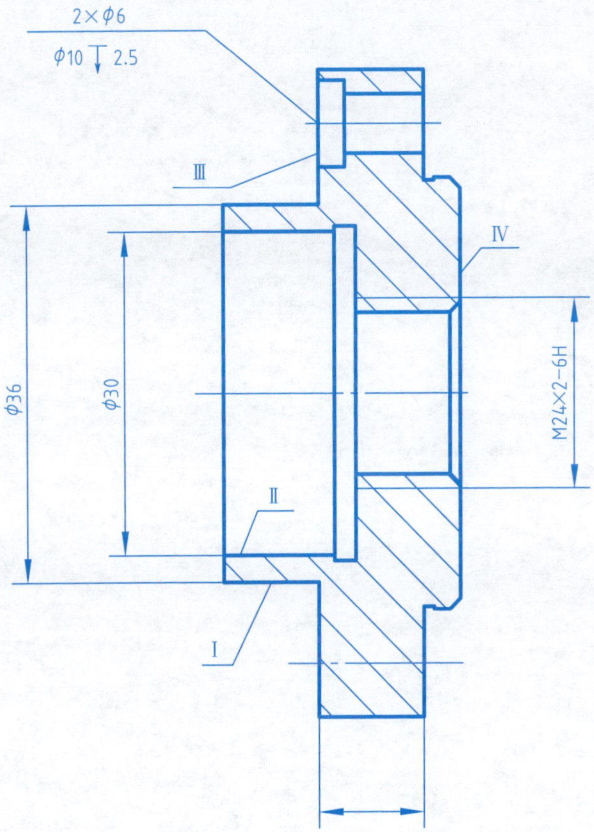

2.

表面	Ⅰ	Ⅱ	Ⅲ	齿轮齿面	其余
*R*a	6.3	1.6	3.2	3.2	12.5

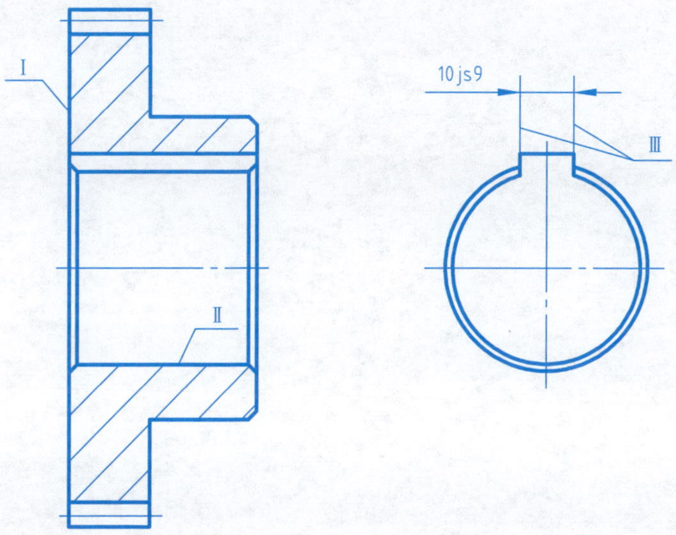

5-4-3 按要求标注形位公差

1.（1）φ20圆柱外表面的圆度公差为0.02。

（2）φ30圆柱轴线对φ20圆柱轴线的同轴度公差为φ0.015。

（3）φ12圆孔轴线对左端面的垂直度公差为φ0.04。

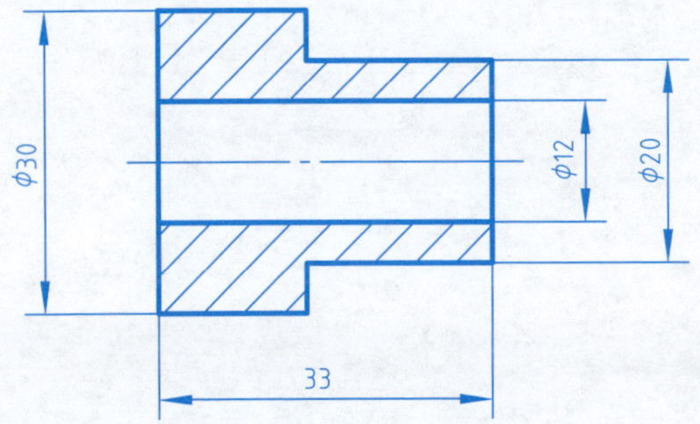

2.（1）φ30h6圆柱表面的圆柱度公差为0.006。

（2）φ50h7圆柱表面对φ30h6圆柱轴线的圆跳动公差为0.03。

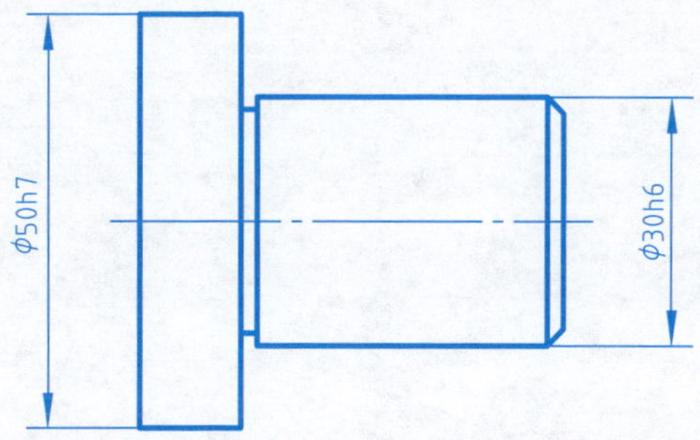

3.（1）φ75m6轴线对φ50H7轴线的同轴度公差为φ0.025。

（2）零件左端面对右端面的平行度公差为0.02。

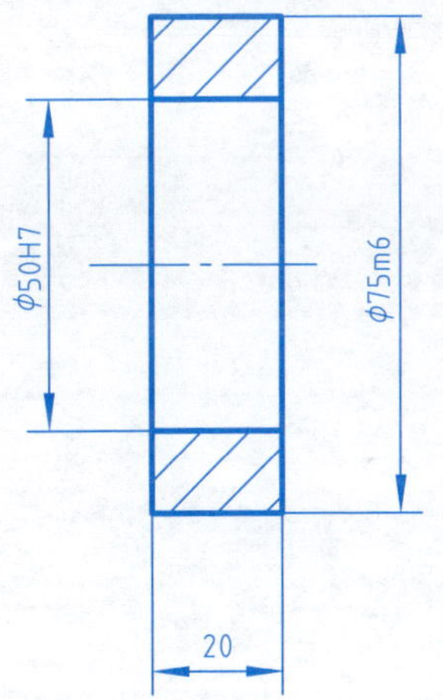

4.（1）φ100h6圆柱轴线对φ45P7圆孔轴线的同轴度公差为φ0.015。

（2）零件右端面对左端面的平行度公差为0.012。

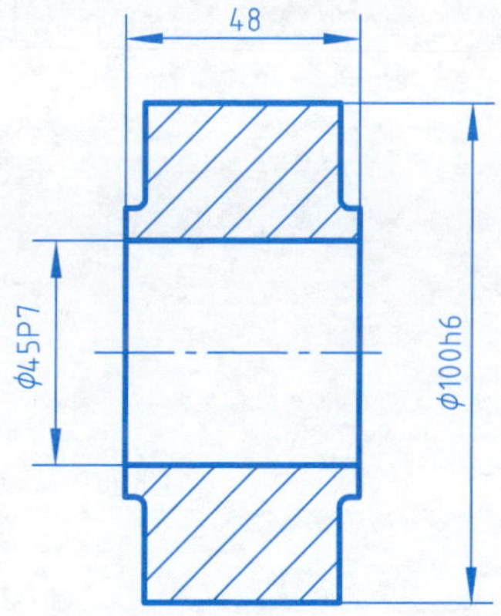

班级：________ 姓名：________ 学号：________ 成绩：________

5-5 识读零件图

5-5-1 读零件图，回答下列问题（一）

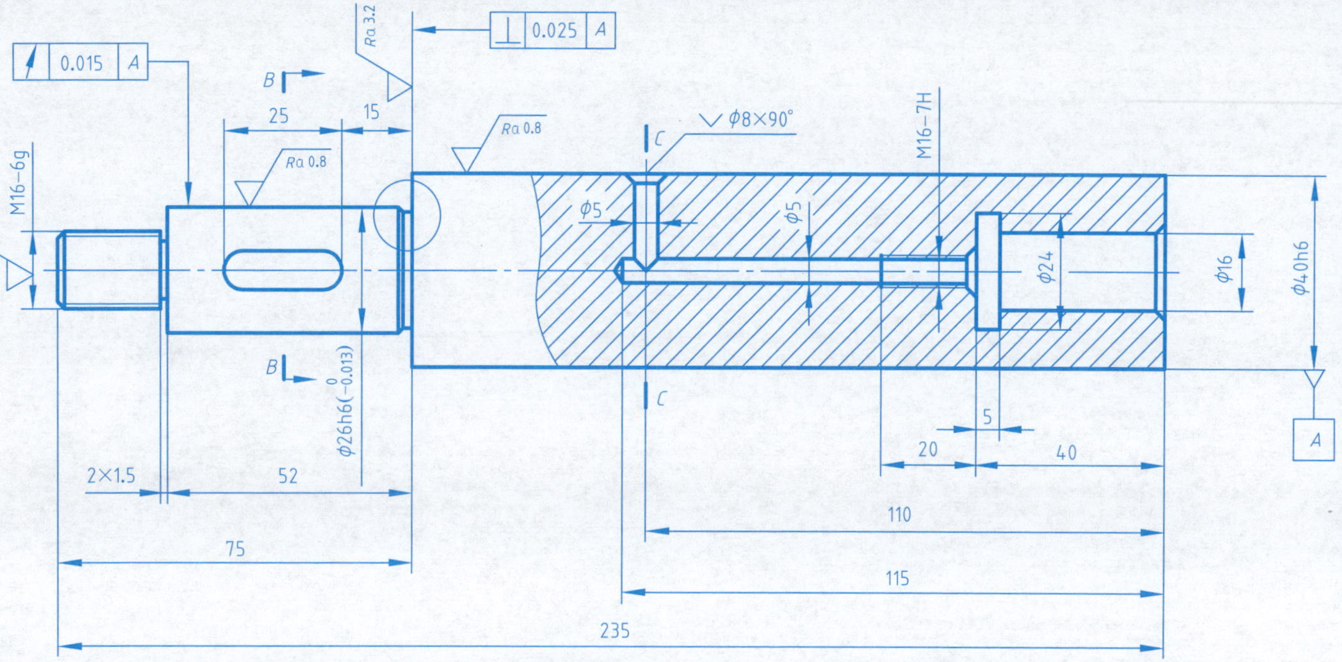

1. 该零件的名称为______，材料为______，该零件图采用的比例为______，其含义是______________。

2. 零件采用的表达方法有____________、____________、____________。

3. 在图中标出轴向和径向尺寸的主要基准。

4. 图中的定位尺寸有______、______。

5. 在图中把φ40h6改写成公称尺寸、公差带代号、偏差数值形式。

6. 键槽槽底的表面粗糙度Ra值为______μm。

7. 将平键槽两侧的表面粗糙度Ra值6.3用代号标注在图形上。

8. 将技术要求"φ40h6圆柱的圆度公差为0.007"的含义用代号标注在图形上。

9. M16的含义：M是指______，16是指______。该螺纹的__________面的表面粗糙度Ra值为6.3μm。

10. 尺寸⌵φ8×90°中，⌵的意思是__________，请在图中直接注出φ8、90°所指部位的尺寸。

11. 在指定位置补画C-C剖面。

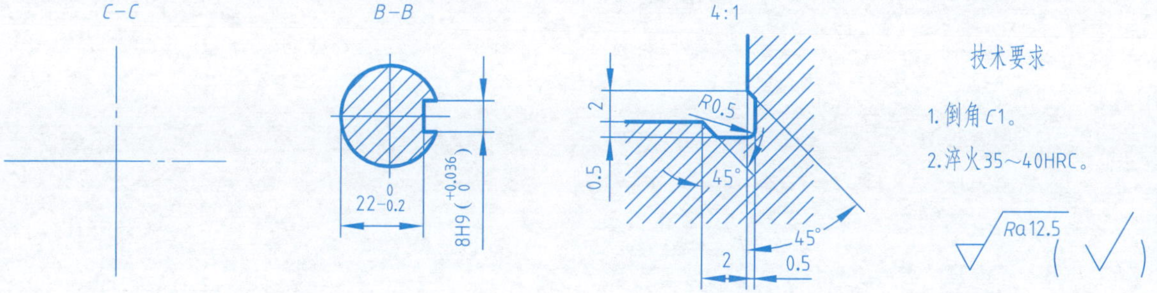

主轴		比例	数量	材料
		1∶2	1	45
制图		（校名）		
校核				

5-5-1 识读零件图，回答下列问题（二）

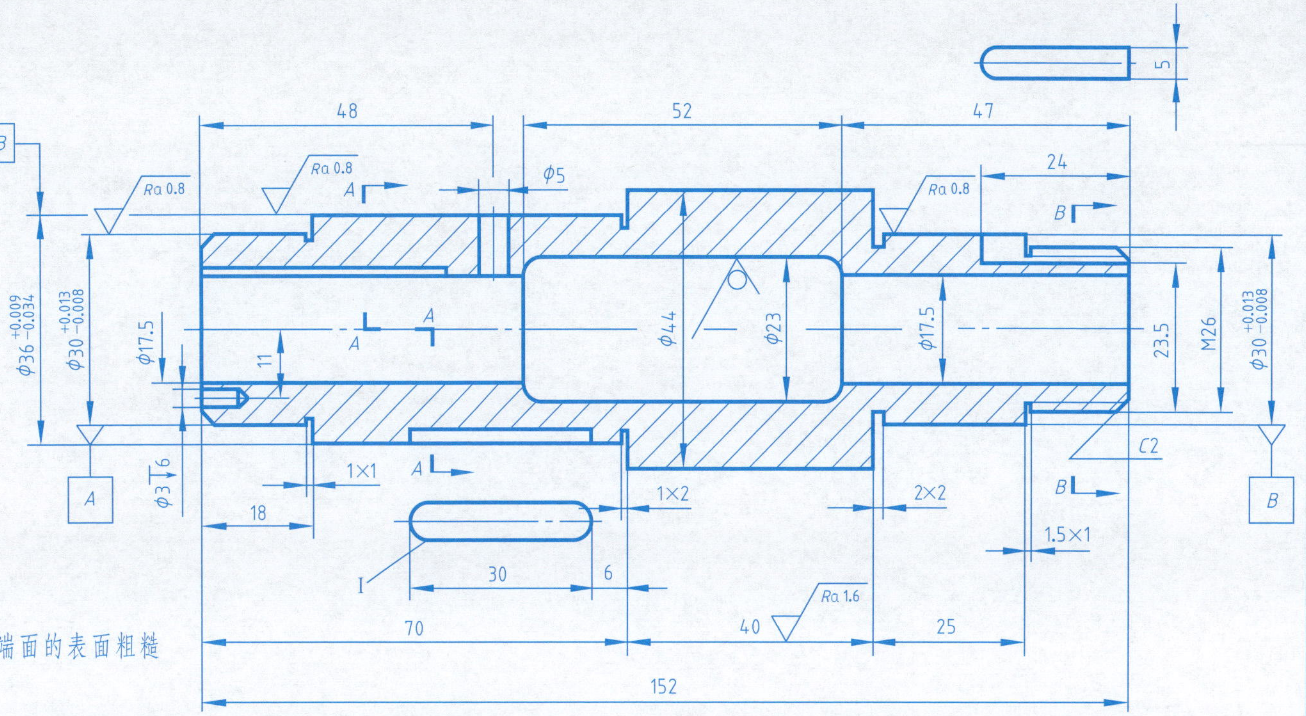

1. 零件的名称是________，材料是________，比例是________。

2. 轴套主视图采用了________剖视，此外还采用了____________图和____________的表达方法。

3. 在图中指出零件的轴向基准和径向基准。

4. 总长152尺寸的上、下偏差分别是0，-0.063，请在图中补充标注完整。

5. φ44圆柱面的表面粗糙度值为______μm，其右端面的表面粗糙度值为______μm。

6. 将φ17.5圆柱面Ra值为1.6μm的含义用代号标注在图形上（两处）。

7. 键槽Ⅰ的定位尺寸是______，定形尺寸是______、______、______。孔φ5的定位尺寸为______。

8. 尺寸“1.5×1”中1.5指的是____________，1指的是____________。

9. 尺寸M26中M的意思是____________，26的意思是____________。

10. ◎ φ0.04 A-B 是____________代号，检测项目是____________。

11. 在零件图中补画B-B断面图。

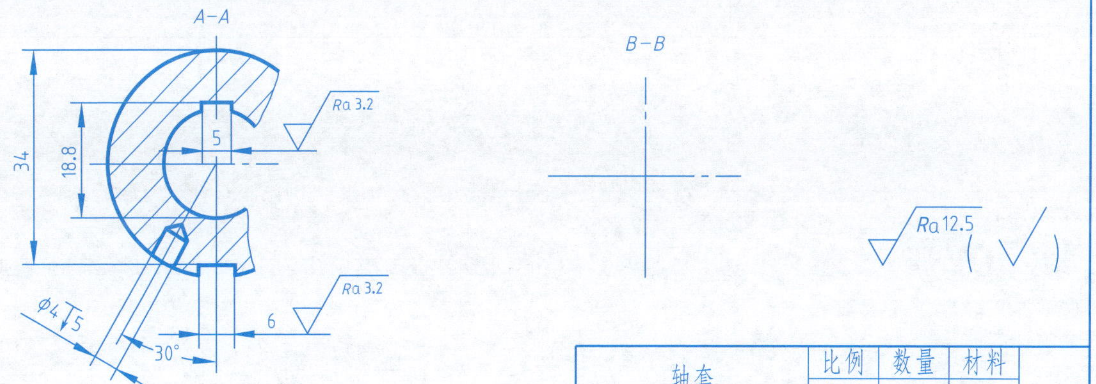

轴套		比例	数量	材料
		1:1	1	45
制图		（校名）		
校核				

班级：________ 姓名：________ 学号：________ 成绩：________

5-5-1 识读零件图，回答下列问题（三）

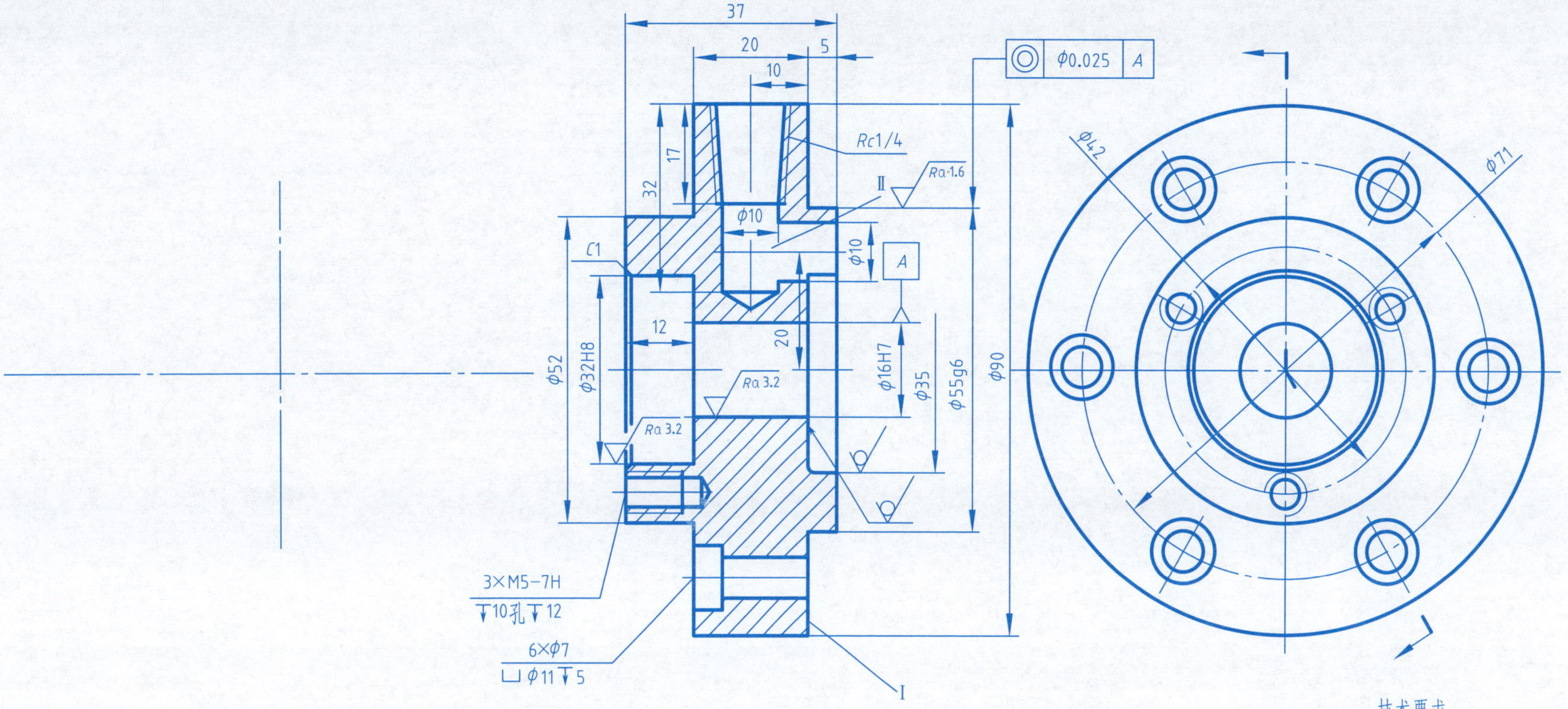

技术要求

未注圆角R2～R5。

Ra12.5 （√）

1. 该零件的名称为_______，材料为_______。该零件图采用的比例为______，其含义是__________________。

2. 零件的主视图采用的剖切方法是__________剖视图。

3. 在图中用圆圈圈出所有的定位尺寸。

4. 请在图中直接注出“6×φ7⌴φ11↧5”所指的φ7、φ 11和5的尺寸。

5. “3×M5-7H↧10孔↧12”表示____________个公称直径为________的螺孔，螺孔深度为________，螺纹中，顶径公差代号均为________。钻孔深度为________。

6. 在图中把φ55g6改写成公称尺寸、公差带代号、偏差数值形式。

7. φ55g6圆柱面的表面粗糙度Ra值为_________μm。

8. 将技术要求“平面Ⅰ对φ55g6轴线的垂直度公差为0.04”的含义用代号标注在图形上。

9. 将平面Ⅰ处的表面粗糙度Ra值3.2用代号标注出来。

10. 在零件图中补画出Ⅱ处所缺图线。

11. 在指定位置画出右视图。

端盖		比例	数量	材料
		1:1	1	HT150
制图		（校名）		
校核				

班级：__________ 姓名：__________ 学号：__________ 成绩：__________

5-5-1 识读零件图，回答下列问题（四）

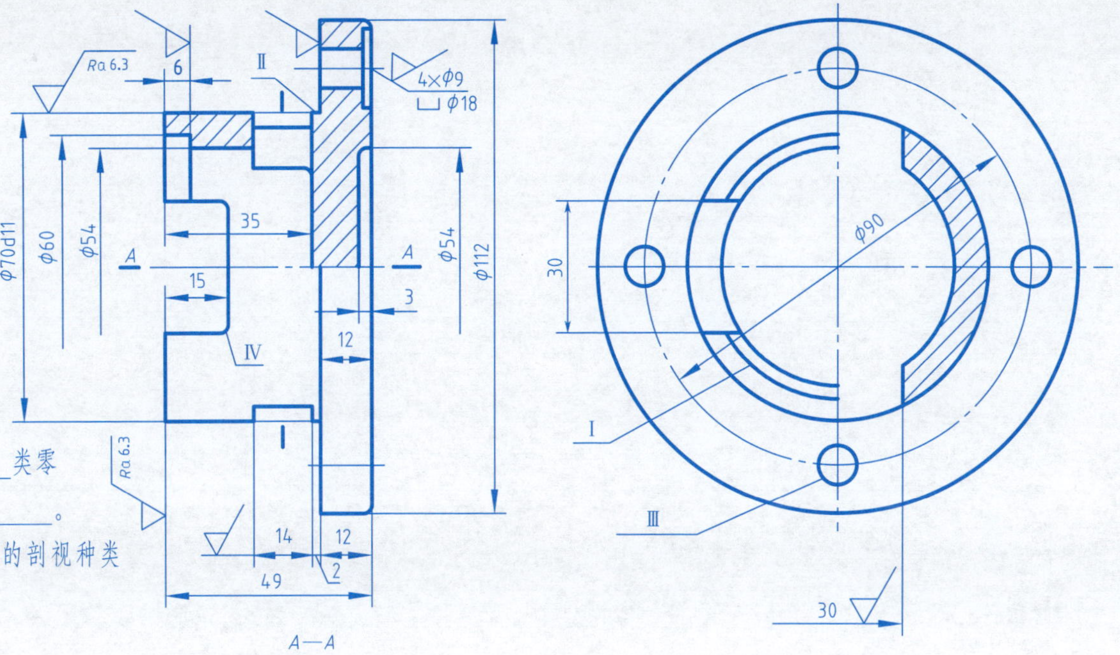

1. 该零件的名称是________，材料为________，属于________类零件，采用的比例为________，其含义是________________。

2. 该零件的主视图采用的剖视种类是________剖，左视图采用的剖视种类是________剖。

3. 在图中标出轴向和径向尺寸的主要基准。

4. 图中4×ϕ9⌴ϕ18表示________个直径为________的________形的________孔，ϕ 18指________，其定位尺寸为________。

5. 表面Ⅰ的表面粗糙度代号为________，表面Ⅱ的表面粗糙度代号为________，表面Ⅲ的表面粗糙度代号为________。

6. 尺寸ϕ70d11，其公称尺寸为________，基本偏差代号为________，标准公差等级为________。在图中把该尺寸改写成公称尺寸、偏差数值的形式。

7. 图中Ⅳ处的半径为________。

8. 将技术要求"零件左端面ϕ70d11轴线的垂直度允许公差为0.04"标注在图形上。

9. 在指定位置画出A-A全剖视图。

铸造圆角R3。

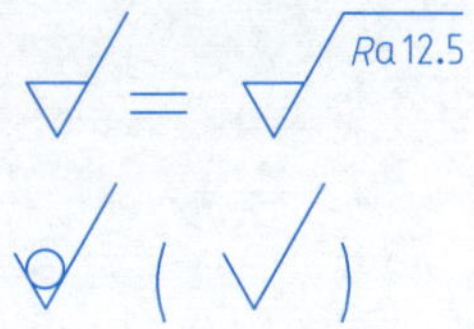

端盖	比例	数量	材料	
	1∶2	1	HT150	
制图			（校名）	
校核				

班级：________ 姓名：________ 学号：________ 成绩：________

5-5-1 识读零件图，回答下列问题（五）

1. 该零件的名称是________，材料是________，比例是________，其含义是________________________，属于______________类零件。

2. 该零件用了________个图形表达，它们分别是______________视图、______________视图、______________视图和______________图。

3. 主视图中“C 1”的含义：“C ”的意思是__________，“1”的意思是____________。

4. 图中表面质量最高的Ra值为__________，零件右侧面的表面粗糙度Ra值为__________。

5. 图中螺孔2×M8-7H的定位尺寸有________、________。

6. 代号“2×M8-7H”表示________个公称直径为________的螺孔，是________牙，________旋，螺纹中、顶径公差带代号均为________。

7. |⊥|φ0.05|A|表示被测部位为______________，对基准__________的______________度公差值为________。

8. 主视图中孔φ35H8改写成公称尺寸、偏差数值的形式为________。

9. 补画左视图（不画虚线）。

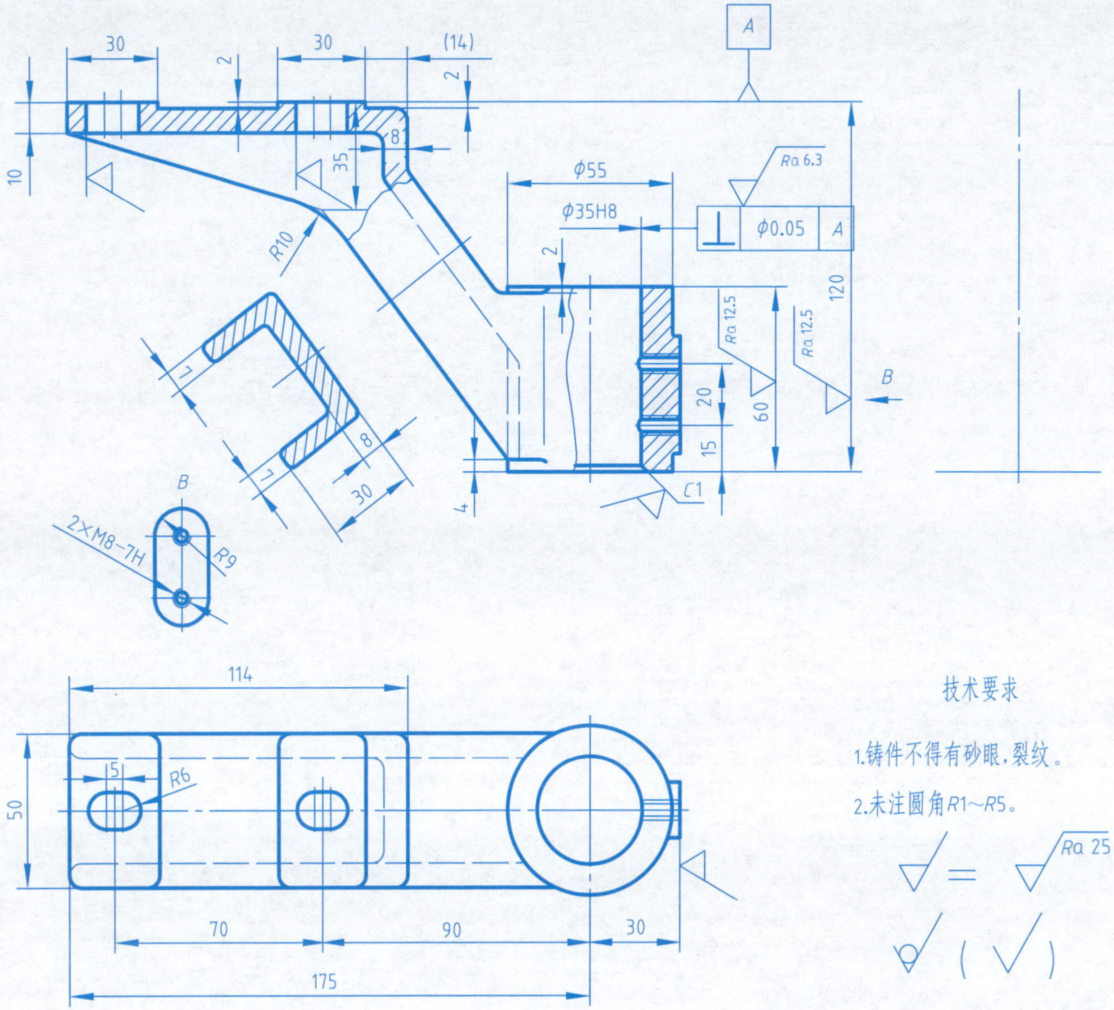

技术要求

1.铸件不得有砂眼，裂纹。

2.未注圆角R1~R5。

$\sqrt{}$ = $\sqrt{Ra\ 25}$

$\sqrt{}$ （ $\sqrt{}$ ）

托架	比例	数量	材料
	1:2	1	HT150
制图			（校名）
校核			

1. 零件的名称是________。零件图采用的比例是________，材料是________。

2. 零件采用____________、____________的表达方法。

3. 在图上指出长、宽、高三个方向的尺寸基准。

4. 解释尺寸M10×1-6H的含义：表示________牙________螺纹，大径为________，螺距为________，旋向是________，中径和顶公差带代号为________。

5. M10×1-6H孔宽度方向定位尺寸是________。

6. φ28圆柱的长度尺寸为________，其圆柱表面粗糙度代号为________，其左端面的粗糙度代号为________。

7. | ⊥ | φ0.05 | A | 表示检测项目为________，公差值是________，基准要素是________________。

8. 零件下端R 24内表面粗糙度值Ra为6.3μm，请在图中用代号正确注出。

9. 在图中把中心距尺寸87b11改写成公称尺寸、公差带代号、尺寸偏差的形式。

10. 在指定位置画出A-A断面图。

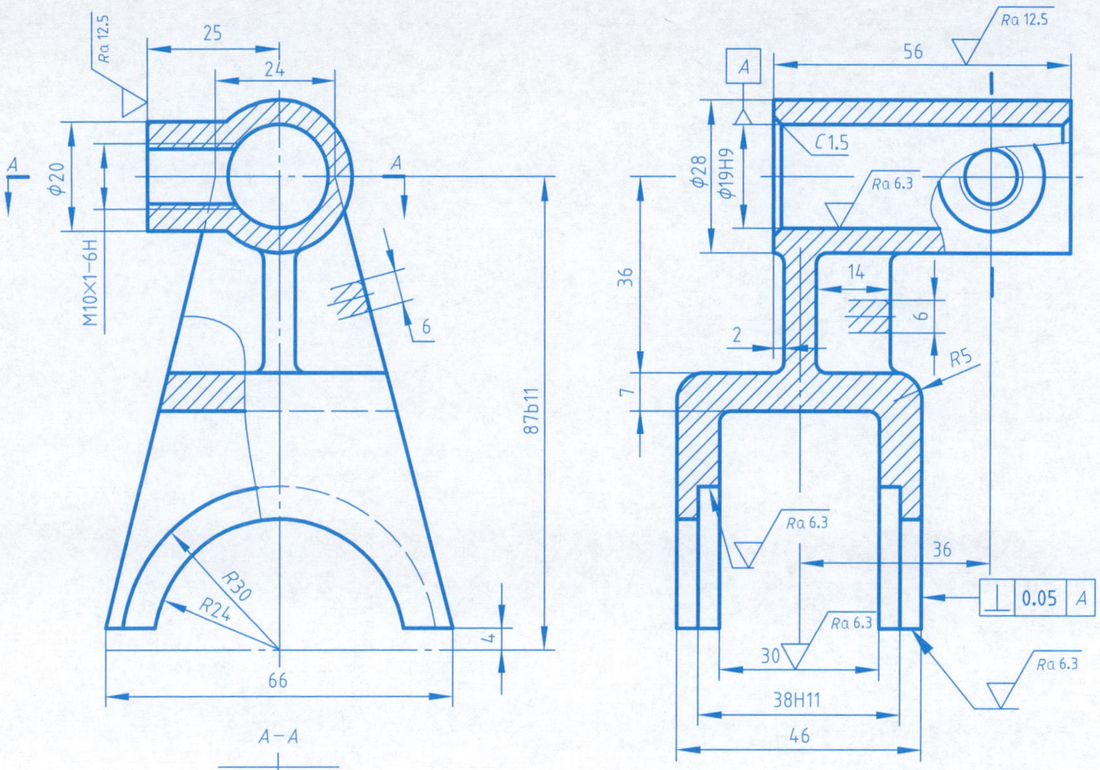

A-A

技术要求

1.未注圆角为R3~R5。

2.铸件不得有气孔、砂眼等缺陷。

3.铸件应退火处理。

拨叉		比例	数量	材料
		1:1	1	HT200
制图		（校名）		
校核				

班级：________ 姓名：________ 学号：________ 成绩：________

5-5-1 识读零件图，回答下列问题（七）

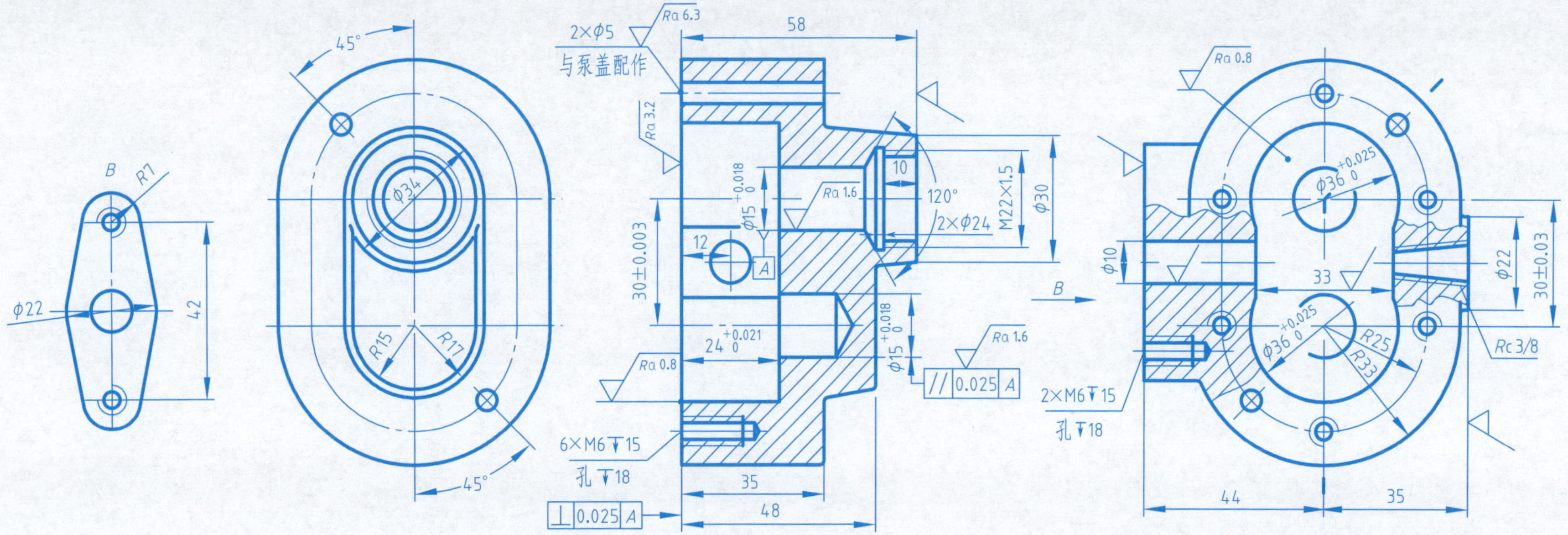

1. 该零件的名称是________，材料为________，采用的比例为________。

2. 该零件采用了________、________、________的表达方法。

3. 主视图中，6×M6↧15孔↧18表示有________个螺孔，M表示________，大径为________，15和18分别表示________、________。

4. 主视图中，M22×1.5表示螺纹是________牙，________为1.5。

5. 主视图中，尺寸2×ϕ24所标注的是________________结构。2指的是__________，24指的是__________。

6. 左视图中，螺孔2×M6↧15的定位尺寸为________________。

7. 主视图中，"2×ϕ5与泵盖配作"是______孔，其表面粗糙度代号为________，定位尺寸是________、________。

8. Rc 3/8是__________类型的螺纹，尺寸代号是__________。

9. 该零件表面质量要求最高的粗糙度值为____________μm。

10. 在指定位置画出主视图的外形（不画虚线）。

技术要求

未注圆角半径R1.5。

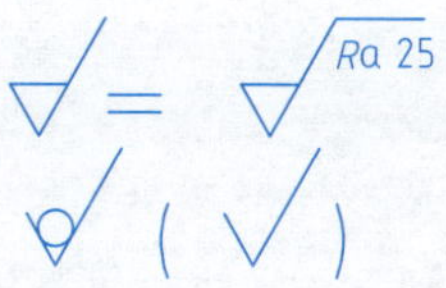

泵体		比例	数量	材料
		1∶2	1	HT200
制图		（校名）		
校核				

1. 该零件的名称是__________，材料为__________，采用的比例为__________。

2. 该零件采用了__________和__________的表达方法。

3. M32×2-7H 表示__________螺纹，大径为__________，__________牙，螺距为__________，__________旋，中顶径公差带代号为__________。

4. G3/8 是__________类型的螺纹，3/8 指的是__________。该螺纹有两处，定位尺寸分别为__________、__________。

5. 零件表面质量要求最高的粗糙度值为__________μm，是指图中尺寸为__________的面。

6. 零件底面的表面粗糙度代号为__________，螺纹孔 M32×2-7H 孔口倒角尺寸为__________。Ⅰ面的粗糙度代号为__________。

7. Ⅱ面的表面粗糙度要求与其相对的右面相同，请正确注出。

8. Ⅲ处半径为__________。

9. $\phi 9^{+0.022}_{\ 0}$ 表示__________为 $\phi 9$，__________为 +0.022，__________为 0。

10. 在指定位置画出 A-A 剖视图。

A—A

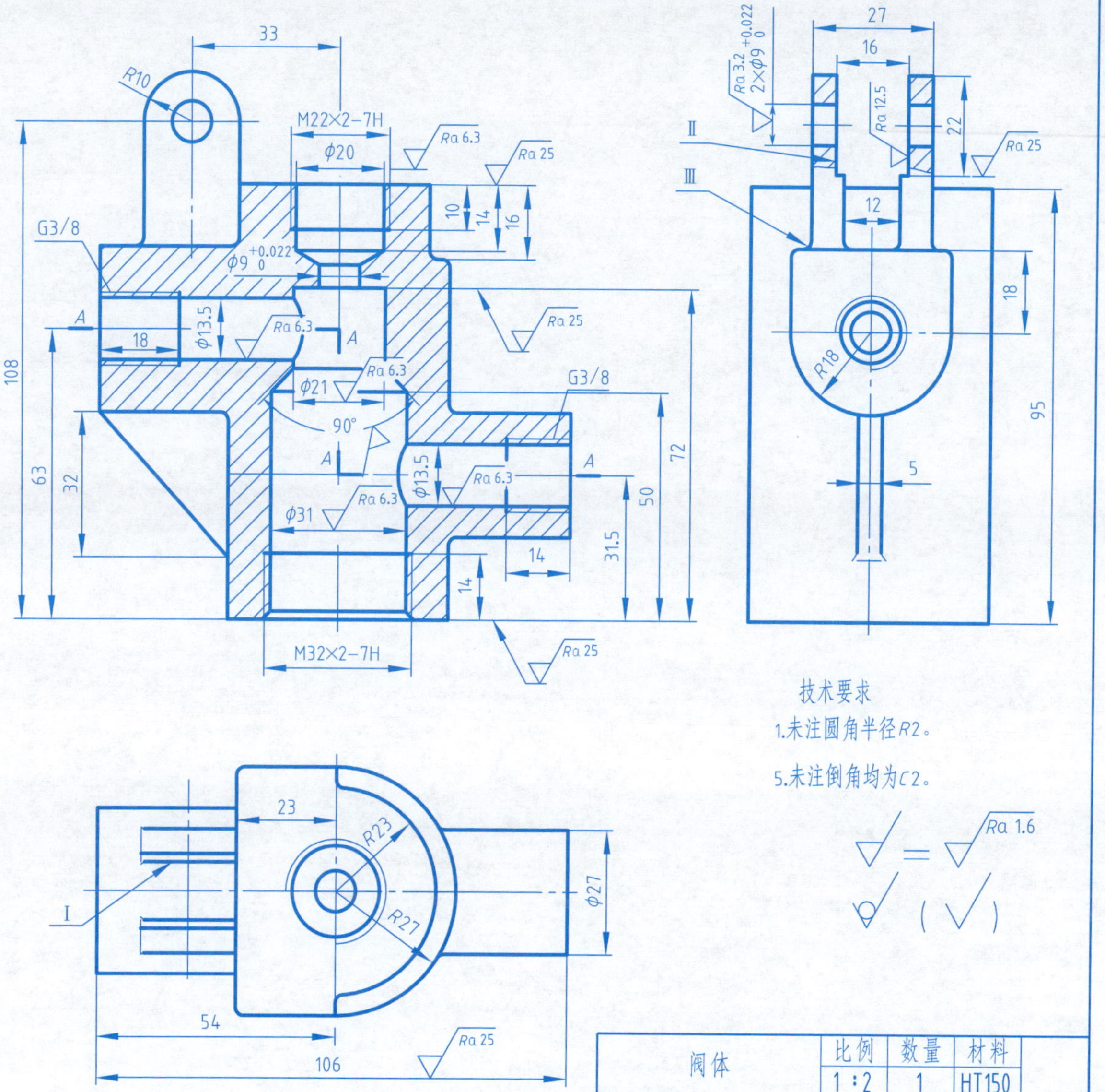

阀体		比例	数量	材料
		1∶2	1	HT150
制图		（校名）		
校核				

班级：__________ 姓名：__________ 学号：__________ 成绩：__________

6-1 装配图的表达方法

识别装配图中的画图错误，漏的线补画，画错的线打“×”，然后在右边画出正确的图形

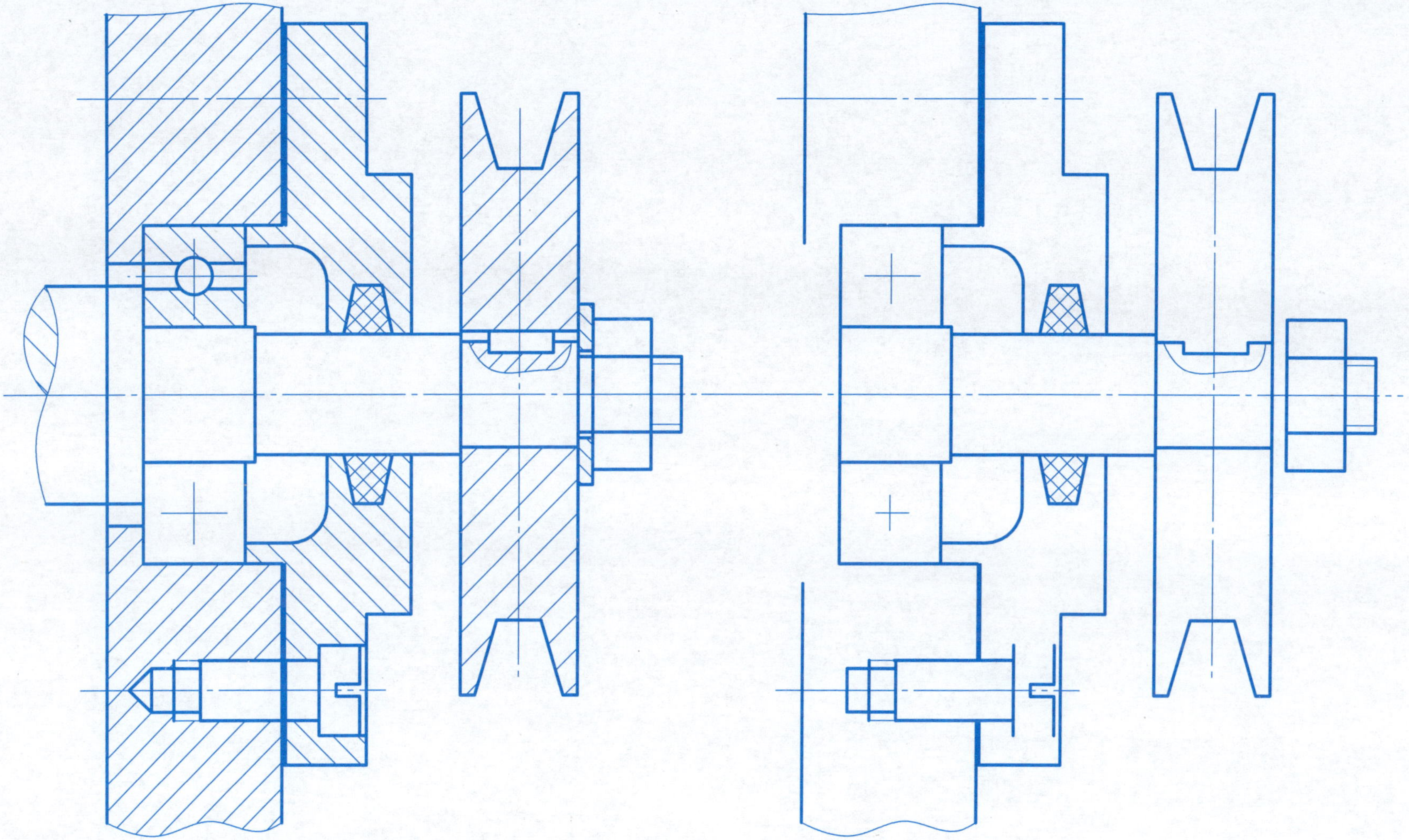

班级：＿＿＿＿＿＿　姓名：＿＿＿＿＿＿　学号：＿＿＿＿＿＿　成绩：＿＿＿＿＿＿

6-2 标注装配体的尺寸及技术要求并编制明细栏

完成以下填空题、判断题

一、填空题

1. 在装配图中，相同零件在几个视图中，剖面线的方向和间隔应________。

2. 在装配图中，相邻两个或多个零件在视图中，剖面线的方向应________或间隔________。

3. 在装配图中，两相邻零件的接触面和配合面画________条线。如果两相邻零件的公称尺寸不相同，应画________条线。

4. 对于紧固件以及实心的球、手柄、键等零件，若剖切平面通过其对称平面或轴线时，则这些零件均按________绘制。

5. 在装配图中，画薄的垫片时可将其__________。

6. 在装配图中，假想画法的轮廓线用__________画出。

7. 在装配图中，所有零、部件都须编写序号，规格相同的零件编写________个序号。标准化组件（如滚动轴承、电动机等）编写__________个序号。

8. 装配图中零件序号应与明细栏中的序号__________。

9. 零件序号的指引线相互不能相交，不能与零件的剖面线________，指引线允许弯折________次。

10. 明细栏一般放在标题栏上方，并与标题栏对齐。填写序号由__________向__________排列。

11. 明细栏和标题栏的分界线是________实线，明细栏的外框竖线是________实线，明细栏的横线和内部竖线均为________实线。

12. 装配图一般应标注性能（规格尺寸）、装配尺寸、________尺寸、________尺寸和其他重要尺寸。

13. 序号编注在视图周围，按顺时针或________方向排列，在水平和________方向排列整齐。

14. 当零件明细栏在标题栏上方位置不够时，可在标题栏________方继续列表由下向上接排。

15. 指引线所指部分不便画圆点可用________代替。

16. 序号数字比装配图中的尺寸数字大一号或________。

17. 对装配关系清楚的零件组，允许采用公共________。

二、判断题

1. 装配图是表达机器或零件的图样。(　　)

2. 零件序号编注在视图周围，按顺时针方向排列。(　　)

3. 序号应在水平和垂直方向排列整齐。(　　)

4. 在装配图中只标注必要的尺寸，不必标注完整的尺寸。(　　)

5. 装配图中两相邻零件的接触面和配合面只画一条线。(　　)

6. 在装配图中，画薄的垫片时可将其涂黑。(　　)

7. 在装配图中应标注出每个零件的尺寸。(　　)

8. 装配图中规格相同的零件只编一个序号。(　　)

9. 序号指引线末端可画圆点或箭头指向零件的轮廓线。(　　)

10. 在装配图中应完整、清晰地表达出零件的结构形状。(　　)

11. 假想画法的轮廓线用细点画线画出。(　　)

12. 装配图中所有零件序号都应绘制指引线。(　　)

13. 如果两相邻零件的公称尺寸不相同，应画成两条线。(　　)

14. 零件序号的指引线可以是任意角度。(　　)

15. 零件明细栏一定要在标题栏上方。(　　)

16. 明细栏和标题栏的分界线是粗实线。(　　)

17. 明细栏的外框线是粗实线，明细栏的内部线均为细实线。(　　)

班级：__________　姓名：__________　学号：__________　成绩：__________

6-3 识读装配图和拆画零件图

识读旋阀的装配图，并回答读图问题

旋阀的工作原理：

旋阀用阀体1两端的螺纹孔与管道连接，作为开关装置，其特点是可以迅速开启和关闭，并能控制液体流量。在旋阀装配图的主视图中，锥形塞6上圆孔的轴线与管道的轴线处于同一水平线上，表示旋阀全部开启，当锥形塞6旋转90°后，锥形塞6上圆孔的轴线与管道的轴线处于垂直位置，此时管道被锥形塞完全阻断，表示旋阀完全关闭。

为了防止液体泄露，在锥形塞的上部与阀体之间装有填料3（石棉绳），并通过螺栓4将填料压盖5压紧。

1. 读懂旋阀的装配图，并回答下列问题：

(1) 旋阀由________种零件组成，其中标准件有________种。

(2) 旋阀用________个视图表示，主视图采用了________剖视图，左视图采用了________图。

(3) 为表达件6锥形塞上的孔与阀体1上的孔的连接和贯通关系，采用了__________剖视图。

(4) 装配图中的尺寸125是________尺寸，56是__________尺寸，164是__________尺寸。

(5) ϕ 45H6/f5是零件________与零件________的__________尺寸，H6表示__________号零件的公差带代号，f5表示__________号零件的公差带代号，是基__________制的__________配合。

(6) 图中的1∶7表示______________号零件和______________号零件的尺寸，它表示该处的________________形结构大小。

(7) 旋阀的规格尺寸是________________________。

(8) 解释图中G 3/4的含义：G表示________________，3/4表示________________。

(9) 件6上的交叉细实线表示________________。

(10) 图中的件4采用了装配图的______________画法和______________画法。

(11) 写出旋阀的拆卸步骤。

2. 拆画阀体1的零件图。

班级：__________　姓名：__________　学号：__________　成绩：__________

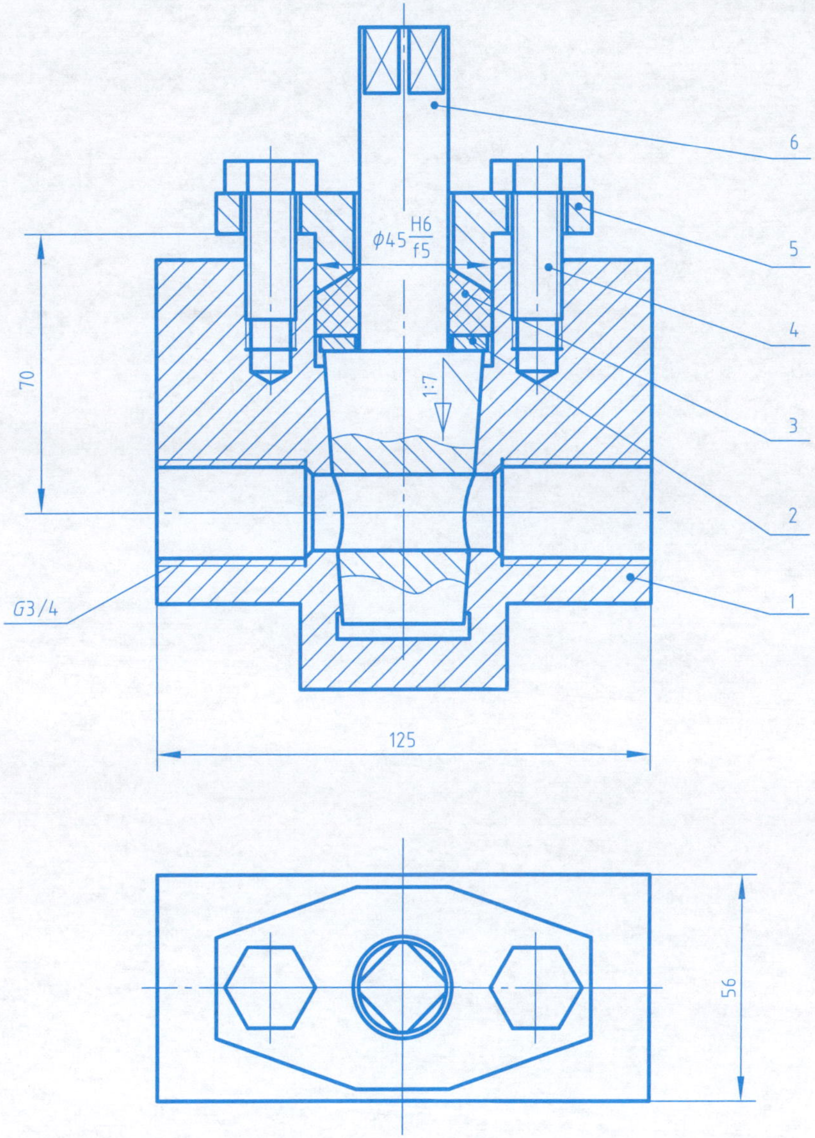

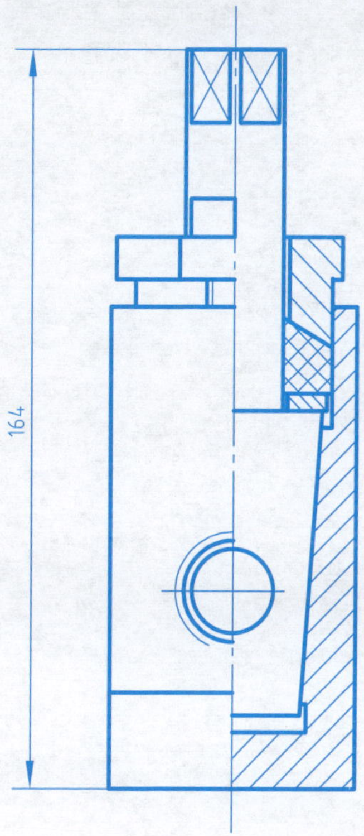

6	锥形塞	1	35	
5	填料压盖	1	35	
4	螺栓M12×30	2		GB/T 5783
3	填料	1	石棉绳	
2	垫圈22	1		GB/T 97.1
1	阀体	1	35	
序号	名称	数量	材料	备注
旋阀		比例	1:2	共1张
		质量		第1张
制图			（校名）	
审核				

第七章　装配体测绘

7-1　减速器零件测绘

徒手绘图训练：在空白处按示例作徒手绘图练习

1. 直线绘制要点：手腕和手指微触纸面，画短线以手腕运笔；画长线先定出直线的端点A、B，笔尖着在A点上，眼睛转向终点B轻轻平移画线。

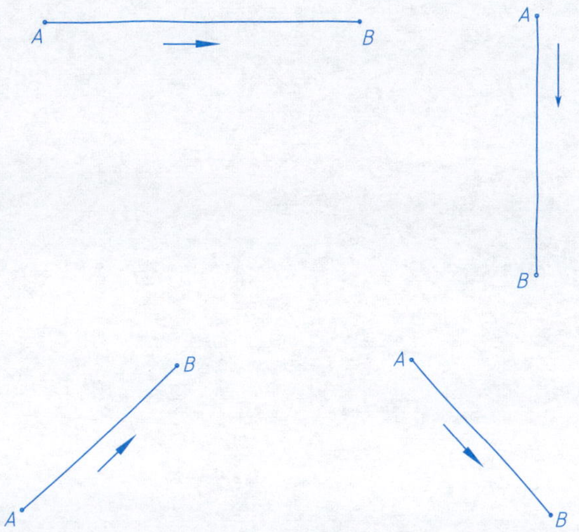

2. 常用角度绘制要点：根据等腰直角三角形斜边的比例关系，在斜边定点，然后连线。

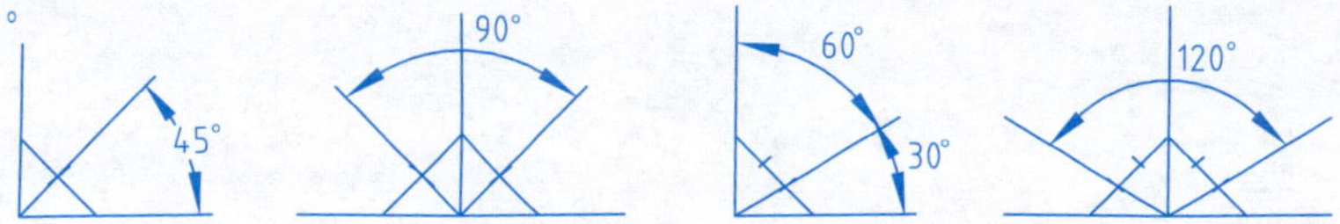

3. 圆的绘制要点：画较小圆时，先在中心线上按圆的半径目测定出四点，然后将各点连成圆；画较大圆时，通过圆心加画四条辅助线，按圆的半径大小，目测出八点，分段画圆弧，最后连成整圆。

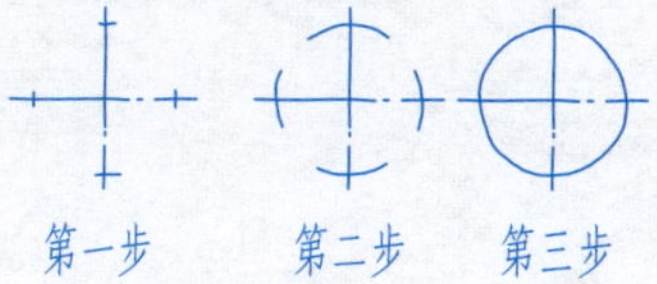

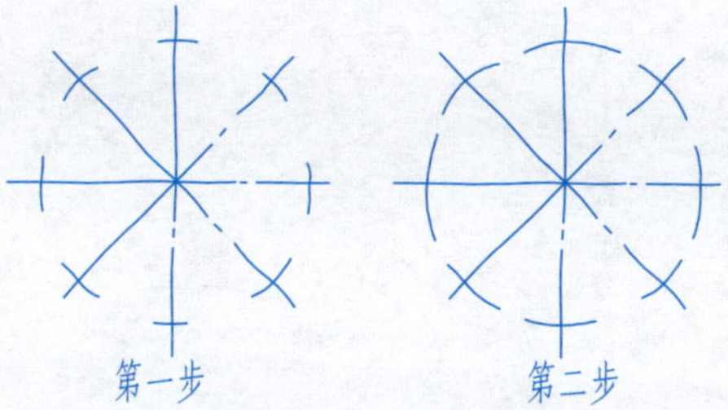

4. 圆角的绘制要点：先画角等分线，在该线上目测圆心位置，定出切点，以确定圆弧的起点和终点，再徒手画圆弧。

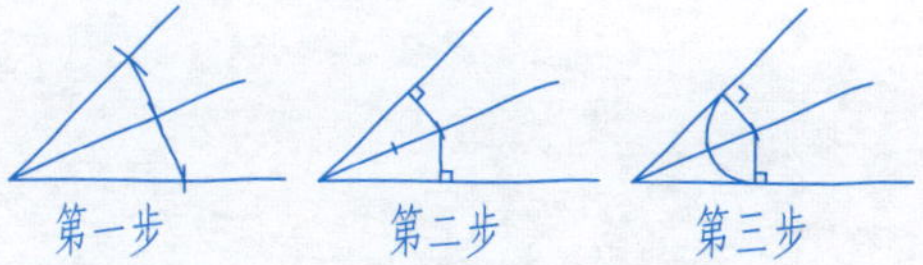

5. 椭圆的绘制要点：先画出椭圆的长短轴，用目测定出四个端点，过这四点画一矩形，然后作四个圆弧与此矩形相切。

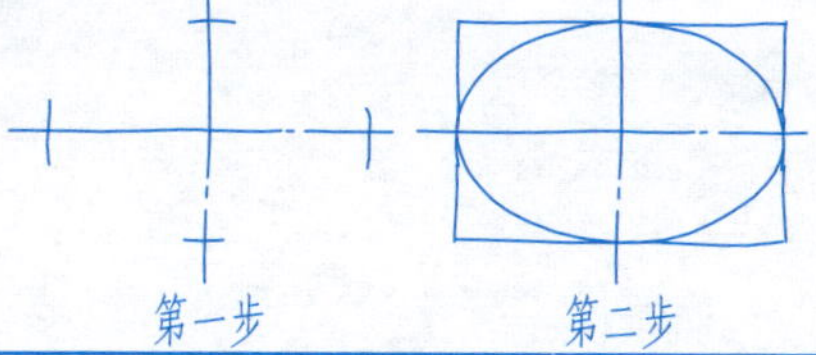

7-2　减速器零件测绘

画零件草图、零件工作图

在减速测绘专项实训中，在下面空白位置绘制一个零件的零件草图（自己任选），并在第八章学习结束后，利用AutoCAD软件把这个零件草图绘制成零件工作图。

班级：＿＿＿＿＿＿　姓名：＿＿＿＿＿＿　学号：＿＿＿＿＿＿　成绩：＿＿＿＿＿＿

8　计算机绘图综合训练

用AutoCAD完成以下绘制任务

总体要求：

1. 建立一个文件夹，文件夹名为“计算机绘图综合训练—姓名”，所画图形文件全部存放于该文件夹中。

2. 按照机械制图国家标准设置相应图层、线型、线宽、文字和尺寸样式。

一、按照1∶1的比例抄画下面的图形，不标注尺寸，文件名为“平面图形—姓名”。

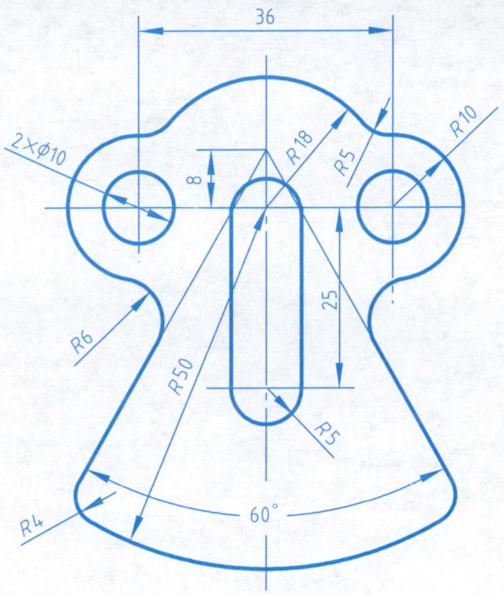

二、按照1∶1的比例抄画形体的主视图和俯视图，补画其半剖的左视图，不标注尺寸，文件名为“三视图—姓名”。

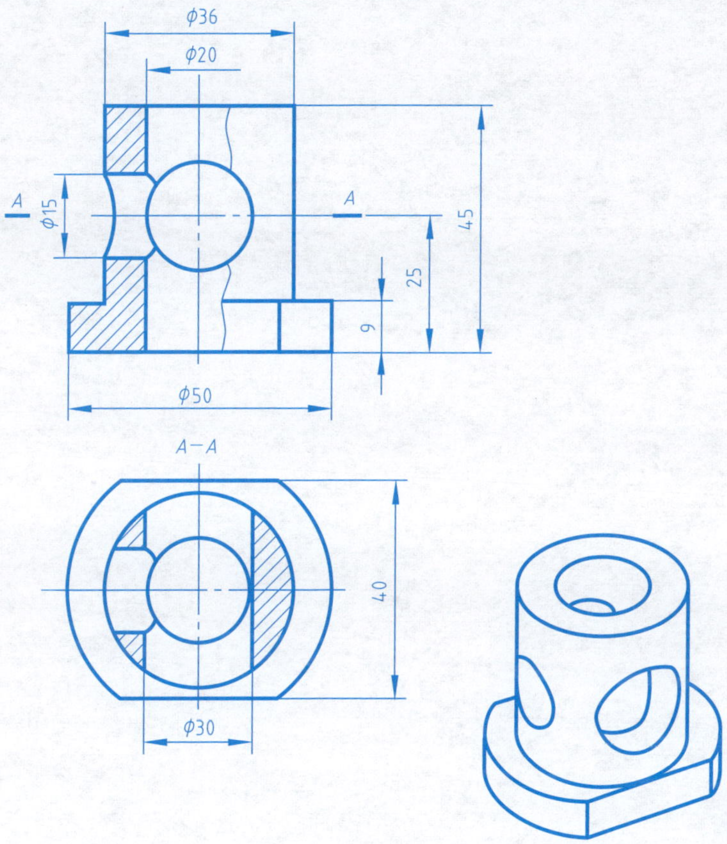

班级：＿＿＿＿＿　姓名：＿＿＿＿＿　学号：＿＿＿＿＿　成绩：＿＿＿＿＿

三、抄画定位器全部非标准件零件图（共六个零件），图纸幅面和比例自行合理选择，图纸幅面、标题栏格式按GB规定，保存文件名分别为："定位轴—姓名""支架—姓名"……。

四、根据定位器的零件图和装配示意图拼画其装配图，文件名为"定位器—姓名"。

1. 用A3幅面，按2.5∶1绘制，使用系统内样板文件中"Gb_a3"图框、标题栏。
2. 表达清楚定位器的工作原理，各零件装配连接关系及主体外形特征。
3. 标注必要的尺寸，注写技术要求。
4. 填写标题栏，编写零部件序号及明细栏，明细栏按教材图8-40所示绘制。
5. 注写技术要求。

五、打印"定位器"装配图。

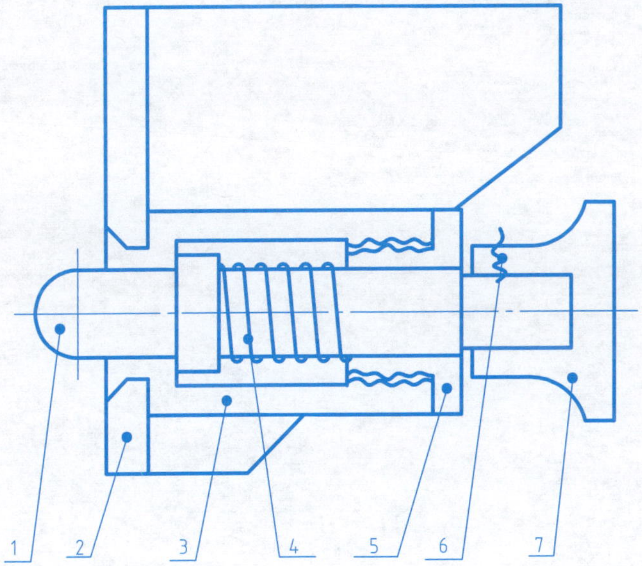

装配示意图

7	把手	1	塑料	
6	螺钉M2.5×4	1		GB/T 75
5	盖	1	Q235A	
4	弹簧	1	65Mn	
3	套筒	1	Q235A	
2	支架	1	HT150	
1	定位轴	1	45	
序号	零件名称	数量	材料	备注

定位器零件明细表

定位器工作原理：

定位器安装在仪器的机箱内壁上，工作时定位轴的一端插入被固定零件的孔中，当该零件需要变换位置时，拉动把手7，将定位轴从该零件的孔中拉出，松开把手后，弹簧4使定位轴回复原位。

班级：______ 姓名：______ 学号：______ 成绩：______

用AutoCAD完成以下绘制任务（续）

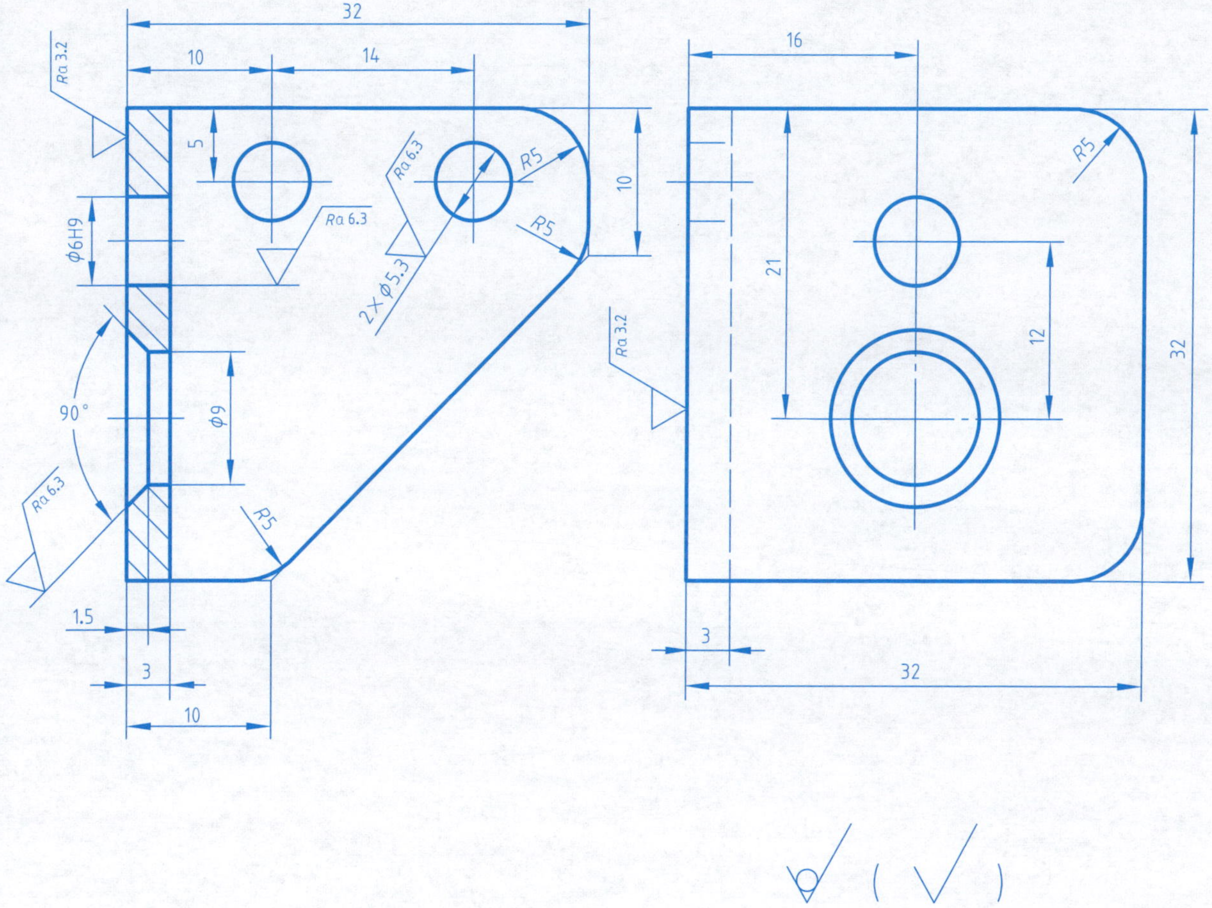

序号	名称	数量	材料
2	支架	1	HT150

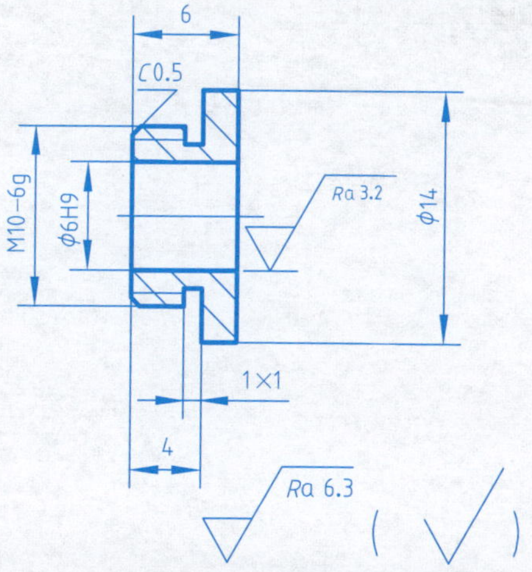

序号	名称	数量	材料
5	盖	1	Q235A

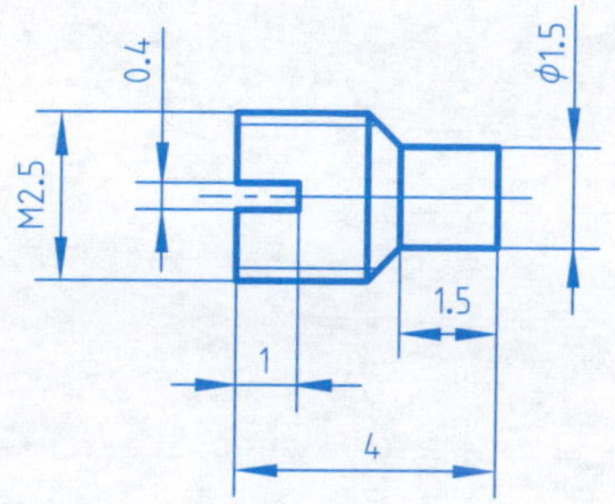

注：此零件是标准件，其结构、尺寸根据标准代号和规格查手册得

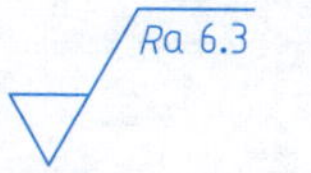

序号	名称	数量	标准代号
6	螺钉M2．5×4	1	GB/T 75

班级：______ 姓名：______ 学号：______ 成绩：______

用AutoCAD完成以下绘制任务（续）

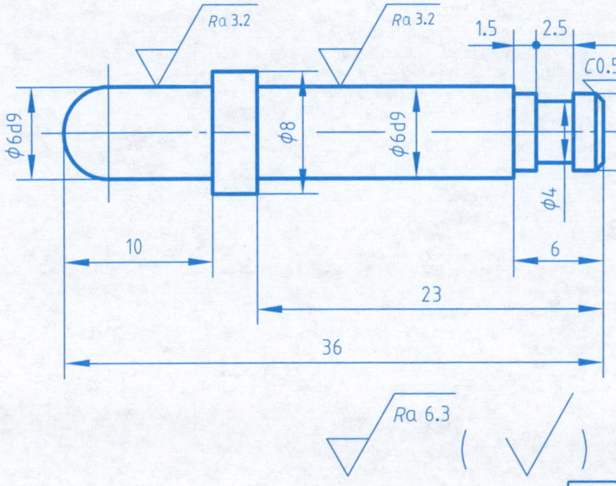

序号	名称	数量	材料
1	定位轴	1	45

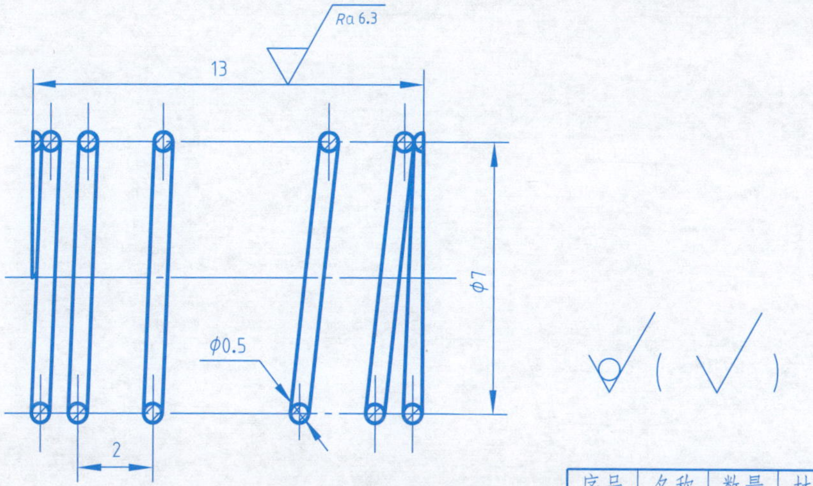

序号	名称	数量	材料
4	弹簧	1	65Mn

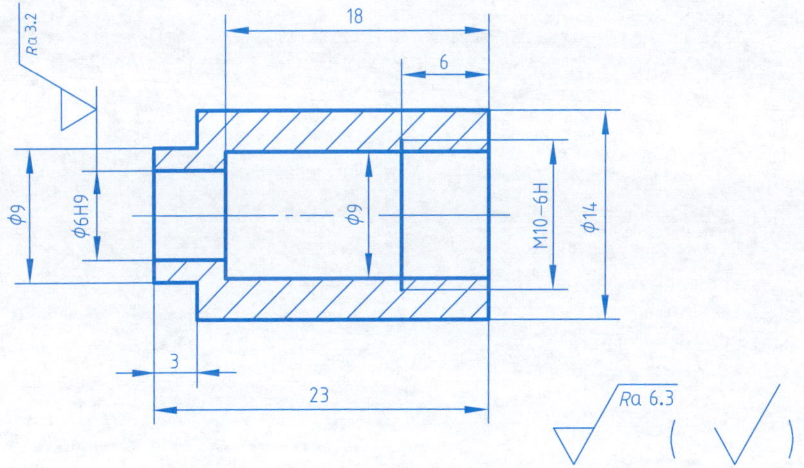

序号	名称	数量	材料
3	套筒	1	Q235A

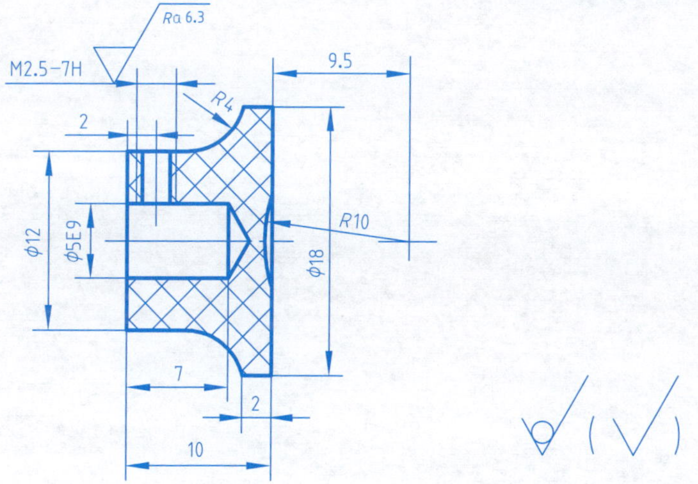

序号	名称	数量	材料
7	把手	1	塑料